经管文库·管理类

前沿·学术·经典

双源采购与垂直一体化下的
系统动力学仿真研究

System dynamics: Simulation for dual source
procurement and vertical integration

赖新峰 著

U0255108

经济管理出版社
ECONOMY & MANAGEMENT PUBLISHING HOUSE

图书在版编目（CIP）数据

双源采购与垂直一体化下的系统动力学仿真研究/赖新峰著 . —北京：经济管理出版社，2022.11

ISBN 978-7-5096-8798-7

Ⅰ.①双…　Ⅱ.①赖…　Ⅲ.①系统动态学—系统仿真—研究　Ⅳ.①N941.3

中国版本图书馆 CIP 数据核字（2022）第 206495 号

组稿编辑：白　毅
责任编辑：杨国强　白　毅
责任印制：许　艳
责任校对：陈　颖

出版发行：经济管理出版社
　　　　　（北京市海淀区北蜂窝 8 号中雅大厦 A 座 11 层　100038）
网　　　址：www. E-mp. com. cn
电　　　话：（010）51915602
印　　　刷：唐山玺诚印务有限公司
经　　　销：新华书店
开　　　本：720mm×1000mm/16
印　　　张：13
字　　　数：128 千字
版　　　次：2023 年 1 月第 1 版　2023 年 1 月第 1 次印刷
书　　　号：ISBN 978-7-5096-8798-7
定　　　价：88.00 元

前　言

　　本书在现有系统动力学研究理论的基础上，进行了双源采购与不同垂直一体化模型下的仿真研究，为当前出口导向型制造企业的双源采购决策以及垂直一体化策略的制定和实施提供了参考价值；建立部分垂直一体化和完全垂直一体化生产模式的系统动力学模型，比较两种不同生产模式下零部件垂直生产系数对制造企业营利性的影响，特别是分析出口关税和企业劳动力成本对垂直生产策略的影响，为制造企业实施垂直化决策和国际双源采购决策提供理论依据。因此，本书具有重要的理论价值和实践意义。

　　本书适合对生产优化与仿真决策感兴趣的管理科学、工业工程、运筹学与控制专业的硕士研究生和博士研究生，以及对此感兴趣的其他相关科研工作者。

　　本书是对垂直一体化决策理论研究的一个探索，虽然本书介绍的研究内容仍然是理论性的，对实际应用方面的研究仍比较缺乏，但该理论研究所考虑问题的思路对今后的理论研究有重要参考价值，且对企业的生产管理者也有一定的启示。本书的写作内容是笔者承担的江西省教育厅科技项目（GJJ190266）和江西省高校人文社科项目（JC20202）研究成果的一部分，笔者负责完成写作工作，研究生王鑫、黄冬梅、陈翔宇负责整理工作。

本书的出版得到了江西省教育厅科技项目（GJJ190266）和江西省高校人文社科项目（JC20202）的资助，同时感谢江西财经大学对本书的支持。此外，本书的出版还得到经济管理出版社的大力支持，特别是白毅编辑的帮助，在此一并表示感谢。

由于作者水平有限，本书难免存在不足之处，请读者批评指正。

赖新峰于江西财经大学

2022 年 3 月 1 日

目　录

1 绪论

1.1 研究背景与问题的提出

1.1.1 研究背景

近年来，随着市场环境不确定性的加剧，国际竞争环境发生变化，出口导向型企业面临着关税贸易壁垒和劳动力成本增加的双重压力。实践表明双源采购与垂直一体化生产是有效缓解这种压力的重要手段。

众所周知，制造业是国民经济的主体，是一个国家综合实力的体现。然而，2019 年底暴发的新冠肺炎疫情对出口导向型制造企业带来了巨大的压力。影响出口导向型制造企业的因素有很多，比如生产采购的中断风险、关税的风险和垂直一体化模式对决策的影响等。这些因素都会给制造企业的正常生产带来不利影响。一个制造企业的发展离不开稳定的采购策略。对于一个制造企业来说，如果想要保持其核心竞争力，双源采购是一个很好的选择。

双源采购的概念来源于突发事件环境下制造商的供应应急管理策略问题。在实践中，不少企业已经实施双源采购策略。比如，著名的英特尔公司要求20%的原料必须采用双源或多源采购，以便保证原料到达的安全性。近年来，随着全球生产网的不断发展，国际双源采购逐渐受到企业界和学者的重视。国外供应商往往价格低但容易受到国外市场影响而发生波动，国内供应商价格高且相对稳定。

不同垂直一体化对制造企业的发展具有重要的作用。近年来，受国际竞争环境变化的影响，越来越多的制造企业实施垂直化战略。2020年，为反制上游原材料涨价，以隆基、晶科、晶澳为首的组件龙头企业纷纷抛出重磅扩产计划，补齐产能"短板"，向垂直一体化模式转变。此外，服装企业雅戈尔集团通过20多年的探索，逐步确立了以纺织服装为主的垂直化战略，优化了布局。快时尚巨头ZARA品牌也采用垂直生产整合模式，让生产的垂直整合在全球化的水平产业链中重新展现实力。为保证供应链的安全，制造企业纷纷实施垂直化战略，这些变化同时也受到了企业界和学术界的高度关注。

出口导向型企业目前遇到了诸多问题和挑战，这些问题和挑战主要包括以下几个方面：

首先，国际双源采购的不确定性会影响制造企业的利润。众所周知，国际双源采购遇到的问题主要是国内供应商采购价格高，而海外供应商采购价格低，但是海外供应商存在诸多不稳定因素，如提前期长、发货延迟长、易受到库存约束等。因此，如何进行国际双源采购，对于出口导向型制造企业的发展至关重要。

其次，劳动力成本和关税等因素对出口导向型制造企业的决策有重要影响。出口导向型制造企业通过垂直一体化战略来加强对生产成本的控制。在实践中，我们发现垂直一体化存在部分垂直一体化和完全垂直一体化两种不同的生产模式，显然，这两种不同的生产模式对于出口导向型企业生产决策的影响是不同的，那它们到底有哪些不同之处？

再次，垂直一体化决策不光对出口导向型企业有重要的影响，对内销型企业的发展同样具有重要影响。对于需要从国外采购原材料的内销型企业，它的垂直一体化对其决策的影响又是怎么样的？对于这类企业，其在实施垂直一体化战略的过程中，如何增强抵御不确定性风险的能力？

最后，垂直一体化下的出口导向型企业的生产批量决策有哪些重要的影响因素？国内部分垂直一体化、国际部分垂直一体化以及完全垂直一体化三种不同的垂直模式下的最优生产决策问题也是制造企业非常关心的问题之一。

垂直一体化主要包括以下几种：国内部分垂直一体化、国际部分垂直一体化以及完全垂直一体化等。这里，我们假设一个产品由两种不同的零部件加工而成。具体而言，国内部分垂直一体化是指垂直一体化生产商自主采购并加工零部件1，零部件2从国内供应商处采购并完成生产制造。国际部分垂直一体化是指垂直一体化生产商自主采购并加工零部件1，零部件2从国外供应商处采购并完成生产制造，其中，海外市场的进口关税为t。完全垂直一体化是指垂直一体化生产商自主采购并加工零部件1和零部件2，同时完成生产制造。这三种不同的垂直化显然有着不同的特点，那么，研究不同垂直一体化对于出口导向型企业的生产决策具有非常重要的现实意义。

以往关于垂直一体化的研究都基于实证分析的角度，然而，我们知道出口导向型企业的供应链从上游供应端到下游销售端，是一个动态的反馈系统，供应链系统的整体性和协调性对企业的利润至关重要，对于需要多种原材料的出口导向型企业来说，进行生产决策又存在着独特的、相互制约的复杂反馈影响。由此可见，从系统动力学的角度研究出口导向型企业的生产决策、从系统的微观结构出发建立系统的结构模型、用因果关系图和流图描述系统要素之间的逻辑关系，系统动力学在动态模拟显示系统行为特征方面是对现有出口导向型企业决策理论的一个有益补充，同时也契合了当前的需求。

1.1.2　问题的提出

近年来，国内外学术界对于双源采购与垂直一体化下的生产决策已经有很多的研究成果，但是，出口导向型企业面临着诸如关税等因素的影响，那么这些因素如何对双源采购与垂直一体化的决策产生影响仍然有待进一步研究。

首先，现有研究较少从系统动力学的角度研究国际双源采购策略。虽然有一些文献研究了国际双源采购问题，但很少从系统仿真的角度考虑供应商可靠程度和关税对采购量决策的影响。

其次，出口导向型制造企业通过垂直一体化战略来加强对生产成本的控制。在实践中，我们发现垂直一体化存在部分垂直一体化和完全垂直一体化两种不同的生产模式，它们对于生产决策的影响是不同的，那么，在这两种生产模式下，零部件垂直生产系数对制造企业的营利性有什么不同？出口关税对企业的垂直生产策略的选择有什么影响？企业劳动力成本的变化对垂直一体化战略的选择有影响吗？影响的程度如何？这是企业界和学术界共同关注的问题。

再次，现有文献很少对内销型制造企业实施垂直化战略进行研究。虽然有一些文献涉及垂直化的研究，但较少从系统动力学的角度进行研究。

最后，现有研究很少从垂直生产的三种不同类型分析生产商的最优生产批量和期望利润，得出何种条件下采取何种垂直生产策略。同时较少考虑关税税率与劳动用工因素对垂直生产决策的影响。虽然有一些文献涉及其中某些部分，但没有全面考虑这些影响因素。

针对现有文献的不足，我们认为，关于双源采购与垂直一体化还有需要进一步研究解决的问题，这些问题包括以下几个方面：

首先，研究在市场需求随机的前提下，生产商向一个采购价格低但稳定性差的国外供应商和一个采购价格高但稳定性好的国内供应商进行国际双源采购的决策问题。通过建立由生产商、国外供应商、国内供应商三方构成的系统动力学基准模型，求解在不同国外供应商可靠程度下生产商的最优采购决策和利润水平。在基准模型中考虑关税因素，通过对比前后的模型仿真结果，进一步分析关税对于整个供应链的影响。构建两个国际双源采购的系统动力学模型，从理论上求解最可靠程度下生产商的最优决策。

其次，研究一个产品面向国外市场的制造企业，其生产需要两种零部件，采用两种不同的垂直一体化模式进行生产，此时企业面临的主要问题是什么。第一种模式为部分垂直一体化模式，在这种模式下，一种零部件由自己制造，另一种零部件通过外包生产。第二种模式为完全垂直一体化模式，在这种模式中，两种零部件都由企业自己垂直制造。为了比较两种生产模式的不同特点，在市场需求和供应商的有效产出均随机的前提下，分别建立部分垂直一体化和完全垂直一体化生产模式下的系统动力学模型。因此，考虑关税和劳动力成本影响的垂直一体化动力学模型就成为企业生产运作管理中需要解决的问题之一。

最后，虽然学者们对出口导向型企业进行了深入的研究，但是鲜有研究考虑内销型企业，基于此，从内销型制造企业垂直化战略入手，通过构建系统动力学模型，比较内销型制造企业在实施三种不同的垂直化战略时的仿真结果；从垂直一体化生产的三种不同类型出发，分析生产商的最优生产批量和期望利润，得出何种条件下采取何种垂直一体化生产策略。同时还考虑关税税率与劳动用工因素对垂直一体化生产决策的影响，因此，对于一个管理者来说，在关税和劳动力成本双重压力下应如何决策、如何实现企业的利润最大化……这些都是值得思考和研究的地方。

针对以上这些问题，本书采用系统动力学和优化理论对双源采购与垂直一体化决策进行研究，重点从垂直一体化下的不同模式、双源采购中供应商的可靠性、制造商最优行动分界点、劳动力成本因素等方面对生产决策模型进行深入探讨，在市场需求和供应商的有效产出均随机的前提下，分别构建部分垂直一体化和完全垂直一体化生产模式下的系统动力学模型，这对于完善出口导向型企业的生产决策理论有重要的理论参考价值。

1.2　研究目的与意义

1.2.1　研究目的

针对从实际生产中提炼出来的具有应用价值的出口导向型企业的决策方面的问题，在现有系统动力学和生产优化理论的基础上，建立部分垂直一体化和完全垂直一体化生产模式下的系统动力学模型，为当前出口导向型制造企业中生产决策的制定和实施提供更多决策支持，解决出口导向型制造企业的国际双源采购以及不同垂直一体化下的决策问题。

1.2.2 研究意义

本书的研究在理论和实践上都具有重要意义。在理论上，出口导向型制造企业决策模型往往受多方面因素的制约，包括双源采购、垂直化决策以及劳动力因素的影响。很多理论都是从实证角度出发，很少从一个动态的反馈系统的角度出发进行研究。众所周知，供应链系统的整体性和协调性对企业的利润至关重要，对于需要多种原材料的出口导向型企业来说，进行生产决策又存在着独特的相互制约的复杂反馈影响，例如：①产品的持有数量将影响各种零部件的采购决策，而零部件的采购决策又将动态影响产品的持有数量；②由于生产产品同时需要多种零部件，因此每种零部件的采购决策也将相互影响。除此之外，每种零部件的生产和到货延迟时间、产品安全库存的动态调节和市场需求的不确定性穿插其中，使问题变得十分复杂。系统动力学模型能够很好地处理这些问题。

在实践中，本书的研究同样可以为企业进行科学决策提供参考价值。本书的研究内容是基于省高校人文社会科学基金项目的企业调查得出的。课题组成员发现在出口导向型制造业的生产决策过程中，往往受诸多因素的影响。为此，本书通过系统动力学仿真的方法，构建了相应的模型，从大量的仿真分析中得到了相关的启示，这些研究结论能为企业在双源采购与垂直一体化下进行决策提供重要的参考。

1.3　研究方法与技术路线

1.3.1　研究方法

本书在相关研究领域的文献基础上，通过系统动力学建模、仿真分析、理论推导、数值模拟相结合的方式，针对双源采购与垂直化下决策问题进行了研究，主要的研究方法如下：

（1）系统动力学理论。双源采购与垂直化决策模型都具有非线性关系，运用系统动力学从系统的微观结构出发建立系统的结构模型，用因果关系图和流图描述系统要素之间的逻辑关系，用仿真软件 VENSIM 来模拟分析，系统动力学在动态模拟显示出口导向型制造企业决策行为特征方面具有较强的优势，因此非常适合运用系统动力学来解决此类问题。

（2）运筹学理论。内销型制造企业垂直一体化下的生产批量决策问题采用的是运筹学中的优化理论，通过构造的数学模型并借助 MATLAB 数学软件，以求解模型的最优解和进行数值分析。

1.3.2 技术路线

本书研究了双源采购与垂直一体化下的决策问题，具体的技术路线如图 1-1 所示。

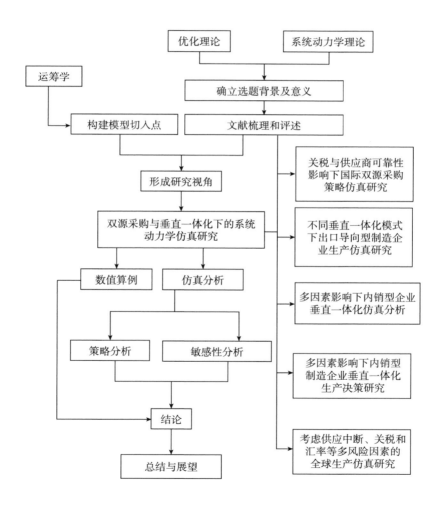

图 1-1 本书技术路线

1.4　研究的内容与本书结构

1.4.1　研究内容

本书的主要研究内容是在考虑关税等因素的情况下，构建双源采购与多种不同的垂直一体化下的决策模型，为出口导向型企业进行国际双源采购和垂直化决策提供科学的理论依据。

首先，采用系统动力学方法研究了向价格低但稳定性差的国外供应商和价格高但稳定性好的国内供应商进行国际双源采购的决策问题。通过仿真，发现在确定供应商可靠程度的双源采购中，向国外供应商进行采购的数量并不是越多越好，存在一个确定的采购量，能使生产商的采购利润最大；关税不仅影响生产商的采购决策，同时也影响生产商和国外供应商的利益，这对企业进行国际双源采购和政府制定关税税率提供了参考。本书使用系统动力学诠释了国外供应商的不稳定性对整个供应链的当期和后期影响，且立足于生产商对于国外供应商可靠程度的判断，求解生产商最优的采购策略，通过对比关税前后的模型仿真结果，得出关税对于整个供应链的影响。

其次，假设一个产品面向国外市场的制造企业，其生产需要两种零部件，采用两种不同的垂直一体化模式进行生产。为了比较两种生产模式的不同特点，本书在市场需求和供应商的有效产出均随机的前提下，分别建立部分垂直一体化和完全垂直一体化生产模式下的系统动力学模型。通过仿真分析发现：在关税税率一定的情况下，存在唯一的制造商最优行动分界点，当关税税率升高时，制造商最优行动分界点将降低，并在垂直一体化模型基础上考虑劳动力成本因素，结果发现劳动力成本对制造商决策也具有相同的影响。

再次，通过构建系统动力学模型，模拟仿真内销型制造企业在实施三种不同的垂直化战略时的结果。结果显示：全部垂直一体化下制造商利润对于产品价格非常敏感，国际部分垂直一体化下的制造商利润对于价格敏感，而国内部分垂直一体化对于价格轻微敏感。因此，企业在完全垂直一体化或国际部分垂直一体化下进行决策时，更应该关注价格的变化。相关研究启示以及建议为内销型企业发展垂直化战略提供了理论依据和决策参考。

最后，通过细分生产成本中的用工成本，考察多种不同垂直一体化战略下生产商的决策问题，比较了全部垂直一体、国内部分垂直一体化和国际部分垂直一体化下生产商的利润和最优生产批量，得出了不同垂直一体化情况下影响生产商决策的重要参数，为垂直一体化企业的决策提供了重要的参考意见。

1.4.2 本书结构

全文共 8 章，每一章的主要内容如下：

第 1 章：绪论。首先，介绍本书的研究背景和课题来源，通过对文献的梳理发现相关问题和研究目的，并进一步指出研究的意义。其次，对本书的主要内容和整体结构进行了介绍。最后，详细地阐述了本书的创新点。

第 2 章：文献综述。对相关文献进行了全面系统的回顾，主要从系统动力学、双源采购、垂直一体化和最优化理论等角度进行了文献综述。提出了现有文献还需要补充和有待进一步研究的内容。

第 3 章：关税与供应商可靠性影响下的国际双源采购策略仿真研究。研究在市场需求随机的前提下，生产商向一个采购价格低但稳定性差的国外供应商和一个采购价格高但稳定性好的国内供应商进行国际双源采购的决策问题。首先，通过建立由生产商、国外供应商、国内供应商三方构成的系统动力学基准模型，求解在不同国外供应商可靠程度下生产商的最优采购决策和利润水平。其次，在基准模型中考虑关税因素，通过对比前后的模型仿真结果，进一步分析关税对于整个供应链的影响。基于研究结果，得到的管理启示对于企业进行国际双源采购具有重要的参考意义。

第 4 章：不同垂直一体化模式下出口导向型制造企业生产仿真研究。假设一个产品面向国外市场的制造企业，其生产需要两种零部件，采用两种不同的垂直一体化模式进行生产。研究两种模式的不同特点，建立系统动力学模型。另外，研究关税税率和劳动力成本对制造商的影响。

第 5 章：多因素影响下内销型企业垂直一体化仿真分析。通过构建系统动力学模型，模拟仿真内销型制造企业在实施三种不同的垂直化战略的结果。研究结果为内销型企业发展垂直化战略提供了理论依据和决策参考。

第 6 章：多因素影响下内销型制造企业垂直一体化生产决策研究。从垂直一体化生产的三种不同类型出发，分析了生产商的最优生产批量和期望利润，得出了何种条件下采取何种垂直一体化生产策略。同时还考虑关税税率与劳动用工因素对垂直一体化生产决策的影响，通过算例分析验证了结论，并且通过灵敏度分析得出了不同垂直一体化情况下影响生产商决策的重要参数，为企业垂直一体化决策提供了理论依据和决策参考。

第7章：考虑供应中断、关税和汇率等多风险因素的全球生产仿真研究。

第8章：结论与研究展望。对全书进行总结，并对进一步的研究工作进行展望。

1.5　本书的创新点

在现有文献的基础上，本书的创新之处主要有如下四点：

（1）创新点一：构建了关税与供应商可靠性影响下的国际双源采购策略。在以往的相关文献中，学者常常采用博弈论的方法对双源采购进行研究。本书采用系统动力学方法研究了向价格低但稳定性差的国外供应商和价格高但稳定性好的国内供应商进行国际双源采购的决策问题。通过仿真发现，在确定供应商可靠程度的双源采购中，向国外供应商进行采购的数量并不是越多越好，存在一个确定的采购量，使生产商的采购利润最大；关税不仅影响生产商的采购决策，也同时影响生产商和国外供应商的利益，这对企业进行国际双源采购和政府制定关税税率提供了参考。本书的创新之处在于使用系统动力学诠释了国外供应商的不稳定性对整个供应链当期和后期的影响，且立足于生产商对国外供应商可靠程度的判断，求解生产商最优的采购策略，通过对比关税前后的模型仿真结果，得出了关税对于整个供应链的影响。除此之外，模型还可以推广到不同供应商类型、采购价格、不同产品市场需求和市场价格的应用中，这些都给相关的决策者提供了一些理论参考，也丰富了与之相关的文献资料。

（2）创新点二：构建了不同垂直一体化模式下出口导向型制造企业生产仿真模型。本书的创新点是针对目前出口导向型企业面临关税和劳动力成本上升的双重压力，求解了制造商的最优行动分界点，发现了垂直生产损失系数对于决策的影响，给出了关税税率和劳动力成本均与制造商的最优行动分界点为负向关系的结论，并针对这些结论为企业管理者提出了可参考的建议。这些管理启示为出口导向型企业实现垂直化战略提供了重要的参考。本书还在模型中将成本进行细分，考虑劳动力价格对制造商最优决策的影响，求出了当单位供应商劳动力成本固定时制造商的唯一最优行动分界点即制造商劳动力昂贵程度；并发现当单位劳动力成本提高时，制造商的最优行动分界点也会越来越低。因此，企业管理者应该对生产产品所消耗的劳动力进行评估和把控，对于需要消耗大量劳动力成本进行生产或者说制造工艺和过程复杂的产品，适合采用部分垂直一体化战略；对劳动力要求不高或者说制造工艺简单的产品，采用完全垂直一体化战略更好。

（3）创新点三：提出了多因素影响下内销型企业垂直生产仿真模型。本书通过系统动力学仿真的方法，比较了三种常见的垂直化模式。研究表明，国际部分垂直一体化下的制造商利润对于产品价格非常敏感，对零部件 1 的生产提前期敏感，对汇率和关税轻微敏感。制造商利润会随着零部件 1 的生产提前期、汇率和关税的增加而单调递减，同时随着价格的提高而单调递增。此外，价格对于完全垂直一体化下的制造商利润非常敏感，而对于国际部分垂直一体化下的制造商利润敏感，对于国内垂直一体化下的制造商利润轻微敏感。研究启示是当内销型制造企业采取完全垂直一体化或国际部分垂直一体化战略时，应该特别注意价格的波动对制造企业利润的影响。

（4）创新点四：构建多因素影响下内销型企业垂直生产决策模型。本书针对内销型企业垂直一体化战略的选择问题进行了研究，从垂直一体化生产的三种不同类型出发，分析了生产商的最优生产批量和期望利润，得出了何种条件下应当采取垂直一体化策略。通过在生产成本中细化劳动力成本的方法，考虑了劳动力成本对垂直一体化的影响，此外，还考虑了关税等因素对垂直一体化下生产决策的影响。研究发现，全部垂直一体化下生产商利润和最优生产批量对于生产商单位劳动力成本非常敏感，区域垂直一体化下生产商利润和最优生产批量对于国际采购成本非常敏感，而国际部分垂直一体化下生产商利润和最优生产批量对于国际采购成本和生产商单位劳动力成本非常敏感，因此，企业在实施垂直一体化战略时应重点关注这些因素对企业利润的影响。

2　文献综述

在本章，我们将介绍与本书相关的研究领域的文献。这些研究领域包括系统动力学、双源采购和垂直一体化决策。在对相关文献进行回顾与评述的基础上，总结已有文献的不足之处并提出本书研究的问题。

2.1　系统动力学研究文献

系统动力学（System Dynamics, SD）出现于 1956 年，创始人为美国麻省理工学院（MIT）的福瑞斯特（J. W. Forrester）教授。系统动力学是福瑞斯特教授于 1958 年为分析生产管理及库存管理等企业问题而提出的系统仿真方法，最初叫工业动态学，是一门分析研究信息反馈系统的学科，也是一门认识系统问题和解决系统问题的交叉综合学科。从系统方法论来说：系统动力学是结构的方法、功能的方法和历史的方法的统一。它基于系统论，吸收了控制论、信息论的精髓，是一门综合自然科学和社会科学的横向学科。

系统动力学运用"凡系统必有结构，系统结构决定系统功能"的系统科学思想，根据系统内部组成要素互为因果的反馈特点，从系统的内部结构来寻找问题发生的根源，而不是用外部的干扰或随机事件来说明系统的行为性质。

Patroklos（2013）将仿真学科和反馈控制理论结合到回收网络的动态考虑中，提出了一个用于回收行业战略能力规划的系统动力学模型。该模型综合了仿真学科和非线性动力学理论以及反馈控制理论，对回收网络进行了动态考虑。这种方法允许对系统要素（最终产品、废料、资金流动和库存）进行全面描述和动态分析，同时考虑到了战略能力以及模型中的变量和代理的相互作用。模拟的 CLRN 将系统的动态生成为嵌入式操作反馈的内生后果，并为生产线（正向通道）和收集中心（反向通道）规划、测试和提出经济可行的决策提供了"实验"工具。罗龙溪等（2019）利用系统动力学模拟供水系统中复杂的综合关系，研究了北京市水资源供需平衡的历史和未来趋势。通过比较模拟数据与历史数据，北京的供需水关系系统动力学模型的有效性得到了验证和校正，验证后的系统动力学模型被用于预测未来城市水平衡的变化。

Ayomoh 等（2020）在一个制造案例中研究了库存系统的动态。他们用系统动力学模拟分析了一个经典的工业工程库存问题，以显示库存过多与库存过少之间的平衡。Belhajali 和 Hachicha 利用系统动力学模拟确定了单阶段库存系统中的安全库存，显示了其在此类问题中的有用性，并对复杂供应链问题模型的未来扩展提出了建议。Poles（2013）模拟了逆向供应链中的生产—库存系统，寻找最佳的改进策略。他们通过分析再制造系统中容量规划和提前期的影响，论证了系统动力学技术对此类问题的适用性。Li 等（2020）通过一个简单的 VMI 模型对集成 VMI 和第三方物流（Third Part Logistic，TPL）的供应链进行了评价。他们通过在一个系统动力学仿真模型中比较"牛鞭效应"、库存水平和服务水平等指标来分析这些模型。类似地，Mehrjerdi 和 Hosseini（2016）研究了由两个供应商和一个零售商组成的两层供应链中的 VMI 策略。他们根据"牛鞭效应"研究了一个新系统的性能，使用系统动态模拟服务水平和整个库存链。Botha 等（2017）通过系统动力学方法，将库存策略评价为汽车零部件供应链中的最大库存位置（MIP）。

Chin-Huang Lin 等（2006）根据四个重要的工业竞争力因素（人力资源、技术、资金、市场流动）建立了系统动力学模型，分析了产业集群效应。Jiuping Xu 和

Xiaofei Li（2011）综合系统动力学与模糊多目标规划，建立了模型（SD-FMOP），并采用遗传算法求解，分析煤炭产业系统中复杂的相互作用，用以辅助政府部门决策。贺彩霞等（2009）利用系统动力学方法的因果反馈特点，对区域社会经济发展模式的特点与原理进行了系统分析，并结合现代社会及经济发展的特点，建立了符合中国发展情况的区域社会经济系统动力学模型。Moonseo Park等（2011）考虑服务设施、教育福利、企业结构、住宅、城市吸引力五个因素，建立系统动力学模型，分析自给自足型城市的发展政策，以帮助政府部门决策者评估各种自给自足城市的发展政策的影响。Cheng Qi和Ni-Bin Chang（2011）考虑气候变化、经济发展、人口的增长和迁移、消费者行为模式的相关因素等建立了城市市政用水预测系统动力学模型，以反映水的需求和宏观经济环境之间的内在关系，用样本估计一个快速发展的城市地区的市政供水需求。

Wei Jin等（2009）建立了生态足迹（EF）系统动力学，构建动态的EF预测框架，并提供一个平台，以帮助改善城市可持续发展决策。Qiping Shen等（2009）建立了可持续的土地利用和中国香港城市发展的系统动力学模型，包括人口、经济、住房、交通和城市开发的土地五个子系统，提供了一个模拟足够长的时间来观察和研究的"限制增长"模型，观察各要素对香港发展潜力的影响，模拟结果可直接用来比较各项政策和决定所带来的不同的动态后果，从而实现土地可持续利用的目标。宋学锋和刘耀彬（2006）根据城市化与生态环境耦合内涵，在 ISM 和系统动力学方法的支持下，建立了江苏省城市化与生态环境系统动力学模型，并选取五种典型的耦合发展模式进行情景模拟，得出的结果为：分阶段和分地域地推进人口城市化发展模式和社会城市化发展模式，可以实现该省人口、经济、城市化和生态环境协调发展的目的。侯剑（2010）分析了港口经济可持续发展的动态机制，并建立了港口经济可持续发展的系统动力学模型，分析模拟了结果。刘静华等（2011）通过对德邦牧业的实地发展进行深入分析，创建系统动力学三步顶点赋权反馈图的管理对策生成法。

Lovea 等（2002）介绍了如何更改（动态的作用或效果）可能会影响项目管理系统，采用个案研究和系统动力学相结合的方法，来观察影响项目性能的主要因素。Sang Hyun Lee 等（2006）介绍了系统的动态规划和控制方法（DPM），提出了一个新的建模框架，将系统动力学与基于网络的工具结合，把系统动力学作为一个战略项目管理和基于网络的工具。胡斌等（2006）从系统动力学角度出发研究企业生命周期变化中不同因素的影响，分析企业的成长过程和主要影响因素之后，建立了系统力学模型，有效地模拟了企业生命周期的演化过程，为管理者进行企业组织管理提供决策支持。齐丽云等（2008）引入系统动力学的相关概念和理论，对企业内部的知识传播进行量化模型构建，提出三个量化模型，模拟得出企业可以通过适当调整一些因素得到所期望的知识接受者的知识势能曲线。蒋春燕（2011）以系统动力学为基础，提出突破陷阱的两种路径：一种是通过知识存量、企业特定的不确定性和绩效差距动态，将探索式与利用式学习相结合；另一种是系统地考虑中国新兴企业两种重要的资源（社会资本和公司企业家精神）对探索式与利用式学习的动态关系产生的影响。

李卓群和杨玉健（2021）针对供应链库存系统中可能出现的零售商过度自信行为，采用系统动力学方法，在供应链库存系统中引入过度自信行为，研究过度自信水平对供应链库存系统性能的影响及其动态演化过程。仿真结果表明，轻微过度自信会提高利润，但过度自信程度较大时则会导致利润急剧下降，平均库存量大幅增加。霍德利等（2021）针对北京冬奥会社会风险预警，利用系统动力学，首先，识别冬奥会社会风险源，绘制因果关系图和系统动力学流图。其次，据此对北京冬奥会经济、政治、民众情绪等子系统的社会风险进行仿真预测。最后，计算各系统及总体社会风险预警阈值，并对其进行预警险级判断。

李鹏博等（2021）为探讨人口迁移的动因和规律，

针对传统重力模型人口总量约束条件不足的问题，基于人口迁移推拉理论和系统动力学提出了改进的人口迁移重力模型。研究发现，交通阻力越小，期望收入比越高，住宅价格增长越小，人口迁入的数量越多。刘夏等（2021）选取我国最大的内陆干旱区——塔里木河流域为研究区域，结合其特殊的地理环境和供水与需水特征，构建系统动力学模型，基于实地调研、统计年鉴与水资源公报数据，以水资源红线为约束，对塔里木河流域水资源承载力的历史状况与未来趋势进行了定量评估和预测。

朱艳娜等（2021）采用系统动力学建模理论，将实验室安全风险管理视为一个系统，以实验管理相关人员、环境、设备设施及管理作为子系统，解析子系统的多异质风险因素，构建实验室安全风险管理系统动力学模型，并以某高校矿山与地下工程测量实验室为例进行模拟演化与仿真验证。结果表明，系统动力学模型可以动态模拟实验室安全管理水平演变态势，通过调控对应子系统的安全投入占比可甄别出最优投入方案，求解出各子系统对实验室安全风险管理总水平的实际贡献率，进而重点防范和管控子系统的风险因素，可为高校精准识别实验室安全投入方向和制定管理决策提供新路径。李雯等（2021）采用系统动力学方法建立城市内涝灾害事件应急管理系统动力学模型，以西安市为研究区域对模型进行应用，为城市内涝事件应急管理提供理论依据。

刘风（2020）采用系统动力学方法，分析了毒品违法犯罪人群的演化过程，构建了基于暂时"免疫"力的毒品违法犯罪防治模型，仿真实验预测了毒品违法犯罪趋势，灵敏度分析表明接触到毒品的概率是对毒品违法犯罪最敏感的影响因素。研究结果表明，毒品违法犯罪形势不容乐观，应采取系统防治策略，以事前积极预防为主，并辅以必要的矫治和严惩措施。闫文周和曹丽娜（2021）引入系统动力学方法，构建公路 PPP 项目经济效益的系统动力学模型，定量分析了各个风险因素对经济效益的作用程度以及经济效益的动态变化趋势，通过实例仿真证明模型的有效性和实用性，为保障和提升公路 PPP 项目的经济效益提供合理化建议。

路雪鹏等（2021）考虑新冠肺炎病毒的传播特点，基于系统动力学原理提出了一种新的 SE4IR2（Susceptible - Exposed4 - Infected - Removed - 2）模型，利用美国 2020 年 6～11 月的新冠肺炎疫情数据设置隔离率等参数，运用 SE4IR2 模型拟合分析并预测疫情下一阶段的发展趋势。结果表明：SE4IR2 模型具有更好的仿真精度，更适合模拟 COVID - 19 的传播过程。付小勇等（2021）为探究政府管制在废旧电子产品处理商实施生态拆解中的作用，运用系统动力学方法构建了废旧电子产品处理问题中政府和处理商之间的一个混合策略演化博弈模型，对政府管制策略选择与处理商实施生态拆解策略选择的互动机制进行了分析。

陆俊强和戴勇（2001）建立了配送中心与超市库存的系统动力学模型，模拟并分析了配送中心的收货量与订货量之间的关系，以及配送中心与超市的库存量的波动情况。李稳安和赵林度（2002）运用系统动力学原理研究了供应链中"牛鞭效应"产生的原因及相应的缓解对策，建立了多节点供应链系统的动力学模型，给出了系统动力学的迭代表达式和框图，并定性地说明了"牛鞭效应"产生的内在机理，指出其产生的原因是供应链系统需求预测所表现出的正反馈动力学特性。

尤安军和庄玉良（2002）运用系统动力学建模原理，对配送系统中仓库数量的设置进行了仿真：一方面随着仓库数量的增加，可以缩短客户响应时间，提高服务水平，从而增加销售量；另一方面仓库数量的变化又会直接影响配送成本，使物流配送系统成本上升。通过改变模型中销售能力的初始值，观察仓库需求量的变化，得出随着仓库销售能力的下降，仓库的需求数量也随之下降，该研究为物流决策的制定提供了参考。桂寿平等（2003）将系统动力学方法用于供应链物流系统、物质配送、区域物流等问题的分析研究中，尝试利用全局、动态的观点和方法来模拟再现物流系统的运行机制及行为模式，探寻提高整体运行效率和服务水平的最佳途径和方法。

桂寿平等（2003）利用系统动力学的原理和方法分析了库存控制机理，通过一个实例构建了库存控制的系统动力学模型。测试结果表明，该系统动力学模型具有较好的决策支持和环境协调能力。温素彬（2003）利用Excel 函数、控件等工具，建立存货管理的系统动力学模型，通过仿真计算来达到模拟并控制库存波动的目的。结果表明，改变调节时间和延迟时间可以减小库存的波动幅度，这为系统动力学的研究提供了新的方法。罗昌等（2007）在借鉴控制论方法对供应链稳定性作用的研究成果的基础上，运用系统动力学方法对供应链系统的非线性动态行为模式进行了系统分析和总结，提出了新的供应链稳定性判据。申静和于梦月（2021）利用系统动力学，通过分析智库知识服务发展的系统结构，厘清系统内部的动力要素及其相互作用关系，构建智库的知识服务发展机制理论模型。该模型不仅揭示了智库知识服务发展的系统结构和作用机理，还为智库知识服务发展的动因、模式、创新和趋势提供了理论依据，有助于推进智库的知识服务可持续健康发展。

2.2 双源采购研究文献

Anupindi 和 Akella（1993）最早提出双源采购下的采购数量分配策略以应对供应不确定所带来的风险，并且将其与仅依靠价格低但供应不稳定供应商供货的单源采购策略进行对比，发现在供应不确定水平低于临界值时存在最优订购数量比率规则，使制造商双源采购优于单源采购。Robert 和 Spekman（1988）认为经济全球化导致来自海外的竞争生产商增加、技术创新速度加快以及产品生命周期不断缩短，这些都改变了传统买方与卖方的关系，传统的单源采购模式也不再适应社会的发展，双源甚至多源采购模式必将代替单源采购模式。Burke 等（2007）研究表明，单源采购占主导地位的采购策略模式只适用于供应商的供货能力与产品需求相关的情况，企业也不能获得任何多样性的收益，同时研究发现双源或多源采购为最优采购策略，依据最优订单数量、采购成本和供应商的可靠性，构建了具有鲁棒性的参数模型。

Burke 等（2007）在需求不确定条件下比较了单源供应和多源供应策略，研究表明，双源采购即为最优采购战略，只有在供应商的产能远大于产品需求或采购方无法从多样化中获益时，单源供应策略才会占优。Yang等（2012）将双源采购分为竞争战略和多元化战略，并分析了两种战略的优劣。Agrawal 和 Nahmias（1997）提出多源供应商的采购决策主要是在其产生的风险规避收益和增加的固定订货成本之间进行权衡，并找到了最优的供应商数量。Sawik（2014）研究了采购商面对两个具有不同成本和不同供应风险的供应商时，如何同时实现成本最小化和服务水平最大化的采购决策问题。

Konishi（2002）认为只有在采购方无法通过其他渠道获得多样性收益而且供应商的供货能力大于市场对产品的需求时，单源采购才是制造商的最优采购策略，否则双源采购都是其最优采购战略。Pochard（2003）提出了基于实物期权理论的优化采购策略来应对供应中断风险，他假设基于实物期权，企业可以在单源采购时根据需要转变为双源采购，同时也能将双源采购转变为仅依赖主要供应商的单源采购，企业可以根据自身需要选择是否实行期权改变采购策略。Hwan 等研究了终端产品竞争对手合作供应伙伴关系下的双源采购，建立了一个博弈论模型，以捕捉企业在合作供应伙伴关系下的战略互动与潜在的信息泄露，研究结果表明，下游采购利用其信息优势可以获得更好的批发价格，双源采购可以保护其私人信息。

Gong 等（2014）研究了一个销售商同时向两个供应商采购原材料的双源采购库存问题和最优定价问题。Babich 等（2007）研究了两个供应不确定的供应商向一个零售商供货的双源采购价格决策问题，研究发现，两个供应商供应不确定的相关关系会减少供应商之间的竞争但会使批发价格提高。Janakiraman 等（2015）研究在两个供应商具有不同的价格和提前期的双源采购模型中，发现最优的双源采购策略是用价格低、提前期长的供应商满足日常需求，价格高、提前期短的供应商满足紧急需求。Raza（2019）研究了一个双渠道供应链，制造商在线上渠道提供标准产品，通过传统的实体店渠道提供更高价格的绿色产品，通过开发双渠道供应链协调模型研究价格差异对供应链收入的影响。Yang 和 Xia（2009）研究了采购价格满足离散的马尔科夫过程，且需求满足复合泊松分布的采购问题，以成本最小为目标建立了模型，求解了最优的采购量。Silbermayr 和 Minner（2014）通过比较单源和双源采购系统性能，指出双源采购策略更能有效防御中断造成的库存短缺。

Jain 和 Hazra（2017）在对称双源采购、不对称双源采购和单一采购三种模式下分析了上游供应商的产能投资问题。Song 等（2014）探讨了存在供货能力约束、需求预测更新以及采购价格不确定三个因素时，多种产品的双源采购决策问题。Si 和 Lee（2003）研究了在不确定性提前期和确定需求条件下，供应商可靠性确定时的双源采购问题，他们认为提前期的变动与采购单价相关，分析提前期的变动对制造商利润的影响。Dada 等（2007）研究了多源采购模式下的报童问题，他们将供应商划分为完全可靠和不可靠两种，研究了供应商和制造商之间的订货量和采购价格博弈。

Sting 和 Huchzermeier（2014）等研究了供应不确定与市场需求相关下最优的采购源决策与采购订货策略。Sawik（2014）在采购环境不确定的情况下，比较研究了双源采购与单源采购的优劣，模型采用多个限制条件下的整数规划模型求解最优值，同时考虑了零部件采购成本最低与顾客服务水平最高两个目标条件。Tang 研究了供应商在随机供应条件下，古诺竞争下的两个零售商采用单源和双源采购决策的临界条件。Yang 等（2012）认为买方在两个供应商供应可靠性存在差异时采用双源采购策略可使供应更加安全。Tomlin（2006）等通过报童模型研究了双源采购的柔性和可靠性，分析了影响第二个供应商使用的诸多因素，包括供应商成本与可靠性、产品数量及需求相关性、产品边际利润等。

Li 等（2020）建立了基于损失厌恶，企业面对双源供应商的最大化期望效用随机规划模型，研究结果表明，不可靠供应商由于经济优势享有正订货量，而可靠供应商在某些情况下是无用的。Tan 等（2016）研究了零售商面对双源不可靠供应商时如何根据不确定的市场需求和不同供应商特性制定最优的动态采购计划。Ju 等（2015）假设零售商的产品来自两个供应源：响应快、可靠但价格高的当地供应源和价格低但不可靠的全球性供应源，在考虑提前期和随机收益率的条件下探讨了零售商的双源采购问题。

Wang 等（2012）考虑了一个供应商可以向两个不稳定供应商采购并且通过努力提升供应商的稳定性水平的模型，认为无论是提高供应商供应的稳定性还是采取双源采购策略都能有效缓解供应数量不确定给企业带来的风险。Huang 和 Xu（2015）在一个两阶段的动态规划模型中对比了双源采购与备用供应两种采购策略，还对比了各种情形下需求的稳定与不稳定对决策结果的影响。Kumar 等（2018）考虑了在竞争环境中受上游供应不确定风险影响的零售商如何与具有更可靠供应链的零售商竞争，对比了定价策略和双源采购策略在该环境中的表现。

Oberlaender（2011）将报童模型拓展到考虑国内外两个供应商的双源采购问题，研究了国外供应商和国内供应商的搭配方法，并得到了最优采购策略。Hua 等（2015）采用函数的 L 重凸性求解了在两个供应商提前期不同的情况下最优的双源采购库存问题，并证明此算法可在原算法的基础上为采购商节约 1.02% 的采购成本。Inderfurth 等（2013）研究了在"随机价格现货市场"和"固定价格国外市场"两种情况下最优的采购数量分配问题。Ray 和 lenamani（2016）研究了需求和供应均不确定情况下采购商最优的双源采购策略。

Fujimoto 等研究发现采用虚拟的双源采购策略，即出现供应中断时，紧急在另外一个地方建立起供应链的策略，研究发现这样的策略既保证了供应链的竞争性，也保证了供应链的鲁棒性。Zeng 和 Xia（2015）为采购商设计了一个收益共享（后备采购）合同，并发现，这种合同不仅可以应对来自主供应商的供应中断风险，还可以激励后备供应商为采购商预留产能。Lena 等在供应中断的情况下，研究了供应商存在学习效应时最优的双源采购策略。Berger 等（2003）运用决策树分析后认为，非常规突发事件发生概率低时企业应采用双源供应模式；反之则应采用单源供应模式。Yan 等（2019）在供应不可靠背景下构建了随机概率下的供应链双源供应模型，探索了零售商的最优订货策略。Lücker 和 Seifert（2017）构建了中断场景下制药产业供应链模型，发现双源供应可作为减轻风险库存的有效方式。Guo Ruixue 等（2016）认为从不遵守环境责任的风险供应商处采购或进行双源采购都有可能是最佳的方式。

Costantino 和 Pellegrino（2010）比较了在多个供应商均存在供应风险时，多渠道采购和在单一渠道模式下使用期权采购的利弊，用蒙特卡罗仿真计算得到的结果表明，模式的选取受多个因素的影响。Tomlin（2006）研究了供应商能力约束下的可靠与不可靠供应双源采购问题，研究考虑了采购方企业的风险偏好、供应商的正常运行时间百分比以及供应中断的性质对采购方企业采购策略的影响。Wang 等（2010）研究了在具有供应风险的环境中，企业是该通过向供应商提供帮助以减少供应风险，还是选择双源采购策略，或者是两种策略的组合。Yang 等（2009）研究了信息不对称的情况，即供应商存在一定的供应风险但该信息是隐私信息时，企业如何制订相应的采购合同。

Dong 等（2021）研究了双源采购下的"搭便车"服务最优契约设计，建立模型以研究双源策略的实用性，结果显示，双源采购使得平台和驱动因素都受益，双源采购合同在驱动因素规避风险的市场中最为有效。Zheng 等（2021）研究了基于双源采购的多单元系统维护与备件订购优化问题，通过制定供应政策，使用马尔可夫决策过程进行决策问题顺序，采用精确值迭代算法推导，得出联合维护和订购策略。与单一采购相比，双源采购可将预期成本降低至42%。Zhao（2021）研究了质量差异化供应商的双重采购策略，基于合作竞争供应链，设计模型，发现当双源采购策略具有很大优势时，会导致价格战并使批发价格降低。

陈崇萍等（2020）研究了不同付款方式下供应不确定企业的最优采购源与定价策略。曾能民（2021）研究了双源采购策略，考虑了供应风险和产能约束，建立了一个五阶段动态决策模型，采用逆向归纳法得出了最优决策，并重点比较了两种供应商配置方案，即低成本主供应商策略和高成本主供应商方案。谢霞等（2021）研究了责任供应链下的战略采购模式，从生产商视角研究定价策略以及双源或单源采购模式决策，研究发现，定价策略与顾客支付意愿等有关。徐鸿雁等（2018）在考虑信息更新的情况下，通过研究一个两阶段的动态采购决策模型，得到了两阶段的最优采购策略，并发现了在何时采用双源采购或者后备生产策略。

陈崇萍等（2017）研究了海外供应价格可变的国内外双源采购决策，提出了动态采购价格策略，构建了两个供应商的 Stackelberg 博弈模型，求解了供应商的最优订货量和最优生产量。陈崇萍等（2020）研究了装配企业的跨国双源采购，提出平滑采购策略。在装配企业无摆放空间限制的条件下，探讨了装配企业采购量和库存满足的性质；在装配企业摆放空间限制的条件下，求解了装配企业最优的初始摆放空间和平滑采购系数，并采用算例分析验证和求解了以上结论。

李志鹏等（2017）研究了供应商批发单价的最优双源采购拍卖机制设计，得出了最优的订货量分配规则和供应商投标均衡，分别针对报童及垄断环境，进一步分析了双源采购拍卖下的订货分散程度、信息价值和双源采购价值，并得出结论。陈崇萍和陈志祥（2019）研究了供应商产出随机与供应中断下的双源采购决策，建立了制造商与供应商之间的博弈模型，证明了在供应商产出随机和同时考虑供应商产出随机与供应中断可能性两种情况时，制造商均存在最优订货量，供应商均存在最优生产量使自身利润最优。扈衷权等（2019）设计了政府主导的基于数量柔性契约的双源应急物资采购模型，解决应急物资采购中需求量难以预测，经常有爆发式增长的情况。

李新军等（2014）研究了供应链中断情况下双源采购的供应链协调与优化。金亮等（2021）研究了产品质量差异化的零售商采购策略，建立了消费者购买质量差异化产品的效用函数，构建了供应链博弈模型，研究得出了采购策略对供应链均衡的影响。李晓超和林国龙（2016）研究了供应不确定条件下的双源与柔性采购联合决策，构建了一个价低、不可靠和一个价高、可靠的双源采购条件下的两级供应链模型，通过对各参数灵敏度的分析，得到不同情况下供应商的选择及订货量的分配决策。

2.3 垂直一体化研究文献

有关垂直一体化的研究大多数是从实证分析的角度进行的，而很少从系统动力学的角度进行。因此，我们将从以下两方面进行综述，其主要内容如下：

国内外关于企业垂直一体化的研究已经积累了丰富的理论文献和实证文献。Armour 和 Teece（1980）从实证分析的角度出发，选取美国石油作为研究对象，结果表明，垂直一体化战略在一定程度上对企业有正向激励作用。Karantininis 等（2010）选取了丹麦 444 家农产品企业作为研究对象，研究发现，垂直一体化对企业新产品的总量产生正向积极的影响。叶建亮和林燕（2014）对中国制造业分行业进行实证研究，企业纵向一体化与绩效以及技术效应的关系总体上为正相关关系。郭佼佼等（2020）研究了垂直一体化对企业创新的非线性影响。孙喜（2020）对纵向一体化在中国产业升级中的作用进行研究，得出了采取激进创新策略的龙头企业更倾向于通过纵向一体化方式自主发展互补能力的结论。郑士源（2011）运用动态系统分析方法研究供应商纵向一体化战略对产品质量的影响，结果发现，供应商采用纵向一体化战略并不一定能达到供应链系统的最优状态，即不一定能改善产品的质量。

不少学者还探讨了供应链的纵向一体化决策问题。李晓静等（2018）研究了创新驱动下竞争供应链的纵向整合决策。钟胜和汪贤裕（2003）分析了纵向一体化下供应链战略的抉择机制。Lin 等（2014）研究了竞争下的纵向整合：前进、后退或不整合。Li 等（2020）研究了不同商业模式下零售商的垂直整合策略。于亢亢（2020）探讨了农产品供应链信息整合与质量认证的关系、纵向一体化的中介作用和环境不确定性的调节作用。Li 和 Chen（2020）研究了制造商在三层供应链中的垂直整合策略问题。Wan 和 Sandersb（2017）研究了产品品种的负面影响，预测偏差、库存水平和垂直整合的作用。Wan（2019）分析了垂直整合后库存和成本会发生什么变化，同时还研究了需求不确定性下的纵向决策问题。孙玮和钱俊伟（2019）研究了需求不确定性、纵向一体化和费用黏性的问题。

2.4 文献评述

尽管有不少学者探讨了系统动力学、双源采购和垂直一体化决策问题。但是供应链从上游供应端到下游销售端，是一个动态的反馈系统，供应链系统的整体性和协调性对企业的利润至关重要，对于需要多种原材料的出口导向型企业来说，进行生产决策又存在着独特的相互制约的复杂反馈影响，目前很少有研究从系统动力学的角度研究垂直一体化和双源采购等问题。而系统动力学从系统的微观结构出发建立系统的结构模型，用因果关系图和流图描述系统要素之间的逻辑关系，用仿真软件来模拟分析，其在动态模拟显示系统行为特征方面具有独特的优势。因此，从系统动力学角度来研究以上问题具有一定的创新性。

3 关税与供应商可靠性影响下的国际双源采购策略仿真研究

3.1 引言

随着经济全球化的发展，越来越多的生产商将供应链延伸到了国外，国外的供应商相比国内供应商具有很多优点，如韩国汽车供应商机械自动化程度要比国内高，日本汽车供应商的零件更加高精尖，越南供应商由于劳动力价格低导致其零件的采购价也相对较低（Tetsuo，2002）。但是，国外供应商也有很多缺点，如提前期长、生产稳定性低、容易缺货、国外原材料价格波动风险高和易受关税影响等。基于以上因素，现在很多生产商采用了国际双源采购策略，比如，英特尔公司要求20%的原料必须采用双源采购或多源采购，以保证原料到达的安全性

（Abboud，2001）。这种采购模式可以使生产商综合利用国内外供应商的优势，规避劣势，使企业利润达到最大。

国际双源采购往往受关税的影响较大。2018 年 3 月，美国对欧盟相关国家进口钢铁征收 25% 的关税，随后，欧盟也开征报复性关税，这导致 28 亿欧元（约合 33 亿美元）的美国商品也被对等征收 25% 的关税（Jung，2020）。显然，关税已经对各国制造企业的生产产生了深刻影响。陈崇萍等（2017）基于国外供应商价格低但容易受到国外市场影响而产生波动和国内供应商价格高但相对稳定的条件下，研究了动态采购价格问题。Knofius 等（2021）研究了在何种条件下，采用先进制造技术的双重采购效果最好，认为在小批量备件业务中双重采购方法可以发挥重要作用。Zhang 等（2019）考虑了有多个产品的双重采购问题，其中每个产品可以从两个有能力的供应商处采购，一个生产成本低、可靠性高，另一个生产成本高、可靠性高，并使用报童模型确定了两个供应商的所有产品的订单数量。徐鸿雁等（2018）在考虑信息更新的情况下，探讨了一个两阶段动态采购决策模型，分析了在不同潜在市场需求条件下双源采购和后备生产的共存问题。Allon 和 Mieghem（2010）构建了由一个国内供应商和一个海外供应商组成的供应系统，解决了同时考虑成本与反应效率的库存问题。韩素敏和宋华明（2020）在产品需求不确定以及需求分布参数不确定的情形下，研究了两周期双源采购问题。

系统动力学能够很好地解决供应链内部的相互影响、动态变化和反馈问题（王翠霞，2020）。以往的文献很少从系统仿真的角度考虑供应商可靠程度和关税对采购量决策的影响。供应商的可靠程度对生产商利润的影响很大，比如，陈崇萍等（2017）使用博弈论方法将供应商的有效产出比例设为服从均匀分布的随机变量，并证明了供应商和生产商的利润都和供应商的有效产出比例呈正相关关系，但其没有考虑缺货情形对下一周期生产与订货的影响，事实上，生产商的库存是根据需求与供应的双重不确定性而动态调节的。作为现有研究的补充，本书构建了一个涉及国外供应商、国内供应商和生产商的系统动力学模型，引入了国外供应商可靠程度系数和国外供应商信任程度系数，使用 Vensim 软件进行仿真，得到了在各种国外供应商可靠程度条件下生产商的最优采购决策，并对比了模型中加入关税前后的仿真结果，对企业进行国际双源采购决策具有重要的参考意义。

3.2　符号说明及模型假设

在本章的模型中，模型假设：

（1）假设国外供应商 A 与国内供应商 B 的产品质量一样，对于生产商来说具有相同的效用。

（2）相比供应商 A，供应商 B 供应稳定，提前期短，因此假设 B 无库存限制，拥有充分的供应能力，提前期近似为无，发货量等于订货量平滑。

（3）受陈崇萍等（2017）的启发，我们引入 A 可靠程度系数，主要表示供应商 A 生产的不确定性，取值范围为 0~1，系数与供应商 A 的有效产出量相关。

（4）引入 A 信任程度系数，主要表示生产商对供应商 A 生产稳定性的判断，取值范围为 0~1，其取值与供应商 A 的订货量正相关。

（5）假设生产商库存剩余产品仍然具有价值，加入单位残值变量，表示一单位剩余产品的残余价值。

3.3　模型建立

模型假设一个生产商向国外供应商 A 和国内供应商 B 进行采购，其中，国外供应商采购价格便宜，国内供应商采购价格高一些，但是海外供应商不稳定因素多，如提前期长、发货延迟长、受库存约束。模型主要由三部分构成，分别为生产商、国外供应商 A 和国内供应商

B。对生产商和供应商 A 设立安全库存和目标库存，以供应不确定性需求；假设供应商 B 拥有充分的供应能力，因此不对供应商 B 设置库存变量。为了更加贴近现实，对生产商订货量、市场需求量、供应商 A 订货量做平滑处理，且供应商 A 的发货延迟大于供应商 B 的发货延迟。由于模型的目的是为生产商提供决策参考，因此，不考虑供应商 A 与供应商 B 的成本与收入，且在生产商总成本与总收入中不考虑与供应商 A 和供应商 B 无关的因素。

3.3.1 系统动力学模型方程的设置

A 信任程度系数表达生产商对供应商 A 的生产稳定性和信任性判断，系数越高，说明生产商从供应商 A 处采购的产品数量越多，在这里初步将其设置为 0.5。A 可靠程度系数主要表示供应商 A 相对于供应商 B 的不确定性，初始值为 0.8。国外供应商采购价格较低，在模型中将其设置为产品市场价格的 0.5 倍；国内供应商采购价格较高，在模型中将其设置为产品市场价格的 0.7 倍。生产商利润＝总收入－总成本，总收入＝剩余产品价值＋销售收入，总成本＝缺货成本＋采购成本＋库存成本。令 A 订货量＝生产商订货量平滑×A 信任程度系数，B 订货量＝生产商订货量平滑－A 订货量。另外，假设市场需求服从正态分布，产品市场价格服从均匀分布。主要参数详见表 3-1。

表3-1 仿真中使用的其他参数

参数	符号	值	参数	符号	值
A信任程度系数	C	0.5	市场需求量平滑时间	ST	5周
A发货延迟	AD	8周	单位库存成本	UIC	40元
A可靠程度系数	RC	0.8	单位残值	USV	0.01元
A库存调节时间	IAT	8周	生产商安全库存系数	MSC	0.45
A提前期	L	8周	生产商库存调节时间	MIT	5周
A安全库存系数	SSC	0.3	缺货损失系数	LC	0.02
A订货平滑时间	AST	5周	生产商订货平滑时间	MOS	5周
B发货延迟	BD	2周	TIME STEP		0.25周
INITIAL TIME	0.3	0周	FINAL TIME		200周

（1）需求、生产和订单的方程如下：

产品需求：$D(t) = \text{RANDOM NORMAL}(2000, 30000, 24000, 3000, 22000)$；

生产商订货量：$O(t) = DT + IA$；

生产商订货量平滑：$OS(t) = \text{SMOOTH}(O(t), MOS)$；

缺货量：$SH(t) = \begin{cases} D(t) - S(t), & \text{if } D(t) > S(t) \\ 0, & \text{其他} \end{cases}$；

产品市场需求量平滑：$DT(t) = \text{SMOOTH}(D(t), ST)$；

A制造量：$MA(t) = \text{DELAY3I}((OS(t) + IA(t)) \times RC, L, 0)$；

A发货量：$A(t) = \text{DELAY3I}(\text{MIN}(A(t), IA(t)), AD, 0)$；

A 订货量：$A(t) = MOS \times C$；

A 订货量平滑：$AOS(t) = SMOOTH(A(t)，AST)$；

B 发货量：$B(t) = DELAY1(B(t)，BD)$；

B 订货量：$B(t) = AOS - A(t)$。

（2）库存的方程如下：

供应商 A 库存：$I_A(t) = I_A(0) + \int_0^t (MA(t) - A(t))dt$，其中，$I_A(0) = SSA(t)$；

A 目标库存：$TIA(t) = AOS(t) \times MIT + SSA(t)$；

库存调整率：$IA = (TIA(t) - I_A(t))/IAT$；

生产商安全库存：$MSS(t) = DT(t) \times MSC \times MIT$；

生产商库存：$I(t) = I(0) + \int_0^t (A(t) + B(t) - S(t))dt$，其中，$I(0) = SS(t)$；

生产商目标库存：$TIM(t) = DT(t) + MSS(t) \times MIT$；

生产商库存调节率：$MIA(t) = (TIM(t) - I(t))/MIT$；

A 安全库存：$SSA(t) = SSC \times IAT \times AOS$。

（3）价格、成本和利润的方程如下：

产品价格：$P = RANDOMUNIFORM(10000，15000，12000)$；

销售收入：$RS(t) = P(t) \times S(t)$；

销售量：$S(t) = MIN(D(t)，I(t))$；

缺货成本：$SC(t) = USC(t) \times SH(t)$；

单位缺货成本：$USC(t) = P(t) \times LC$；

库存成本：$HC(t) = UIC(t) \times I(t)$；

A 采购成本：$PC(1t) = A(t) \times PA(t)$；

A 采购价格：$PA(t) = 0.5 \times P(t)$；

B 采购价格：$PB(t) = 0.7 \times P(t)$；

B 采购成本 $PC(2t) = B(t) \times PB(t)$；

剩余产品价值：$SV(t) = SQ(t) \times USV$；

剩余产品量：$SQ(t) = \begin{cases} I(t) - S(t), & ifD(t) > S(t) \\ 0, & 其他 \end{cases}$；

生产商总成本：$TC(t) = \int_0^t (\sum_{i=1}^2 PC(it) + HC(t) + SC(t))dt$；

生产商总收入：$R(t) = \int_0^t (RS(t) + SV(t))dt$；

生产商利润：$P(t) = R(t) - TC(t)$。

国际双源采购系统流图如图 3-1 所示。其中，A 信任程度系数表示生产商对供应商 A 生产稳定性和信任性的判断，系数越高，说明生产商从供应商 A 处采购的产品数量越多，A 可靠度系数主要表示供应商 A 相对于供应商 B 的不确定性。假设市场需求服从正态分布，产品市场价格服从均匀分布，仿真周期为 200 周。

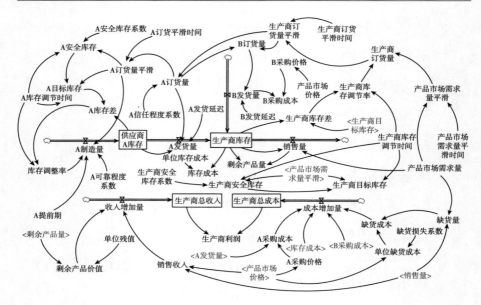

图 3-1　国际双源采购系统流图

3.3.2　现实性检验

改变产品市场需求量，由 RANDOM NORMAL（20000，30000，24000，3000，22000）变为 RANDOM NORMAL（25000，35000，29000，3000，30000），生产商库存、供应商 A 库存以及生产商利润变化如图 3-2～图 3-4 所示。

由图 3-2 可知，产品市场需求量增加时，生产商和供应商 A 的库存曲线震荡幅度变大，且整体库存水平上升，这是因为供应商 A 的目标库存以及安全库存是根据生产商对供应商 A 的订货量确定的，而生产商对供应商

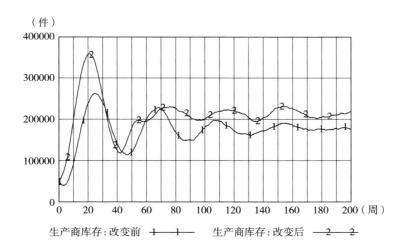

生产商库存：改变前 ——1——1—— 　　生产商库存：改变后 ——2——2——

图 3-2　生产商库存变化

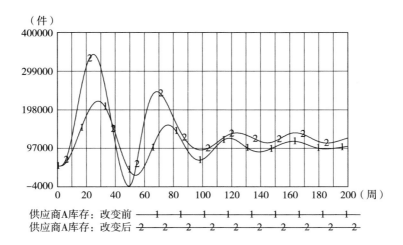

供应商A库存：改变前 ——1——1——1——1——1——1——1——1——1——

供应商A库存：改变后 ——2——2——2——2——2——2——2——2——2——

图 3-3　供应商 A 库存变化

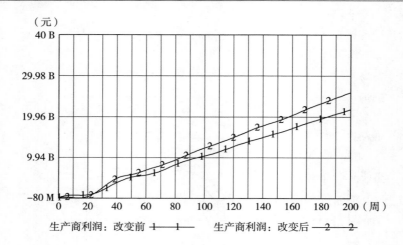

图 3-4　生产商利润变化

A 的订货量是由产品市场需求量决定的，产品市场需求量增加，供应商 A 订货量增加，因此供应商 A 库存水平也随之上升，且供应商 A 具有 8 天的生产提前期，延迟效应使供应商 A 库存曲线出现震荡现象，订货量越高，震荡幅度越大。同理，作为供应链下游的生产商库存也出现水平上升和震荡幅度变大的现象，并且由于生产商产品到货延迟度更高，在仿真时间为第 50 周左右出现了生产商库存为负值的现象，这符合系统动力学软件延迟函数的特性。另外，产品市场需求量增加后，生产商的利润水平也变高，且随着时间的推移，改变前后的利润差也越来越大，这是因为时间越长，供应链整体越稳定。以上实验结果符合现实，模型通过现实性检验。

3.3.3 极端性检验

改变信任程度系数，由 0.5 分别变为 1 和 0，其中，1 表示生产商全部从供应商 A 处进行采购，0 表示生产商全部从供应商 B 处进行采购，生产商缺货成本和生产商利润的曲线变化如图 3-5 所示。

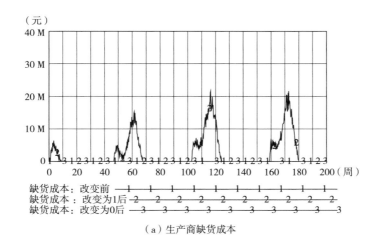

（a）生产商缺货成本

（b）生产商利润

图 3-5 生产商缺货成本以及生产商利润变化

由图 3-5 可以看出，当 A 信任程度系数变为 1 时，所有产品都通过供应商 A 来采购，出现了高额的阶段性缺货成本，导致生产商利润曲线由平滑上升变得十分陡峭，且随着时间的推移，改变后的利润水平明显低于改变前，这是由供应商 A 的不稳定性造成的。当 A 信任程度系数变为 0 时，所有产品都通过供应商 B 来采购，虽然供应商 B 稳定性高，但是供应商 B 的采购价格较高，导致生产商利润曲线低于改变前的水平，且在前期出现了短暂的利润为负值的现象，这符合市场规律，同时也显示了双源采购的优越性，因此，模型通过极端性检验。

3.4　系统动力学仿真

3.4.1　仿真结果分析

本书使用仿真分析的主要目的是在确定 A 可靠程度系数时，找到生产商的最优采购策略，即确定最优的 A 信任程度系数。分别令 A 信任程度系数等于 A1（0）、A2（0.3）、A3（0.5）、A4（0.7）、A5（0.9）、A6（1），进行仿真，得到生产商利润曲线对比结果，具体如图 3-6 所示。

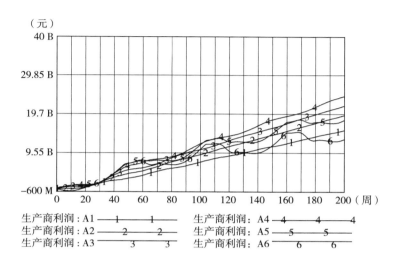

图 3-6 各种策略下生产商利润对比（一）

由图 3-6 可知，随着时间的推移，曲线 A1、A2、A3、A5、A6 的利润水平低于 A4，曲线 A5、A6 十分陡峭，且存在间断性利润下降的情况，即当 A 信任程度系数大于 0.7 时，生产商将过多的订单交给供应商 A，导致风险变大，尽管这种情况下生产商利润在仿真前期有短暂超过 A4 的表现，但从整体上来看，曲线 A4 的平均利润水平最高，且当仿真时间大于 120 周后，A4 利润优势越来越明显，因此，从长远来看，A4 是生产商的最佳采购策略。

将 A 可靠程度系数由 0.8 降低为 0.5，重新进行仿真对比，得到新的生产商利润曲线对比结果，具体如图3-7所示。

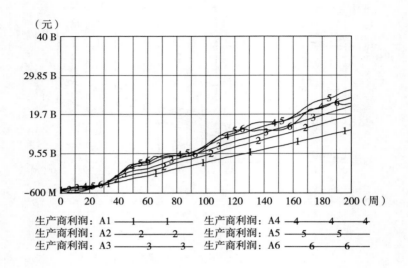

图3-7　各种策略下生产商利润对比（二）

由图3-7可知，随着时间的推移，曲线A5的利润水平超越了A4，A4不再是生产商的最佳采购策略，因此，A信任程度系数的值与A可靠程度系数的值呈正相关关系。

通过仿真实验我们还获得了如下管理启示：

（1）在A可靠程度系数等于0.8的情况下，令A信任程度系数等于0.7可使生产商利润最大，即在此情况下，生产商的最优采购量决策如下：供应商A的订货量为0.7倍的总订货量，供应商B的订货量为0.3倍的总订货量。

（2）在现实生活中，国外供应商的生产往往具有随机性和不确定性，因此，通过改变 A 可靠程度系数，可以得到在不同可靠程度水平下生产商的最优采购策略，这也是本模型的优点所在。

（3）通过改变供应商 A 和供应商 B 的采购价格，可以得到不同价格水平下生产商的最优采购策略。

（4）通过对比，存在唯一的 A 可靠程度系数和 A 信任程度系数，使生产商利润比其他任何情况下都要高。

（5）这启示生产商在选择国外供应商时要对国外供应商的可靠程度进行充分的调查和了解，做出准确的判断。

3.4.2　考虑关税影响后的模型

国际双源采购最大的特点就是需要考虑国外采购所征收的关税，关税是个不稳定因素，极易受到国家政策的影响，同时会增加企业跨国采购的成本，因此，本书构建一个关税影响下的双源采购模型，并与原模型进行对比。假设税款按照从价关税计算，关税＝A 采购成本×税率，在这里将税率初步设置为 0.35，新模型如图 3-8 所示。

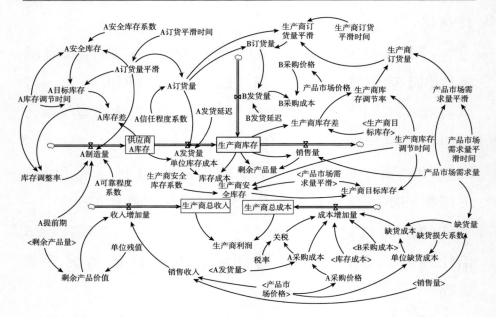

图3-8 考虑关税影响后的国际双源采购系统流图

　　同样分别令 A 信任程度系数等于 A1（0）、A2（0.3）、A3（0.5）、A4（0.7）、A5（0.9）、A6（1），进行仿真，得到生产商利润曲线对比结果，具体如图3-9所示。

　　由图3-9可知，在加入关税影响因素之后，曲线A3的利润水平在多个时段超越A4，且具有比A4更加稳定的增长趋势，生产商的最优采购决策不再是A4，而变成了A3。这是因为增加了关税成本，导致供应商A相对于供应商B的优势和利润变小，最优采购量也减少，A信任程度系数的值与关税税率的值呈负相关关系。

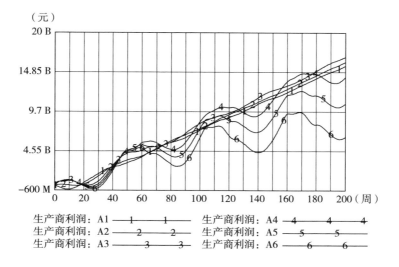

（元）

生产商利润：A1 —1——1— 　　生产商利润：A4 —4——4——4—
生产商利润：A2 —2——2— 　　生产商利润：A5 —5——5—
生产商利润：A3 —3——3— 　　生产商利润：A6 —6——6—

图 3-9　各种策略下生产商利润对比图（三）

同样，通过仿真实验，我们获得了以下的管理启示：

（1）在加入税率为 35% 的从价关税后，令 A 信任程度系数等于 0.6 可使生产商利润最大，即在此情况下，生产商的最优采购量决策如下：供应商 A 的订货量为 0.6 倍的总订货量，供应商 B 的订货量为 0.4 倍的总订货量。

（2）我国对不同地区国家的关税标准有所不同，通过改变税率，可以得到各种税率水平下生产商的最优采购策略。

（3）当增加关税税率时，最优的 A 信任程度系数将相应降低，当关税税率增加到供应商 A 相对于供应商 B 的优势和利润不再存在时，即 A 采购成本+关税≥B 采购成本时，生产商的最优采购策略为 A1。

（4）这启示生产商在选择国外供应商时要充分考虑我国对该国的进口关税标准，税率影响决策。

3.4.3 模型结果对比分析

在生产商采用最优策略时，对两个模型的供应商 A 订货量和生产商利润进行仿真分析。结果如图 3-10 和图 3-11 所示。

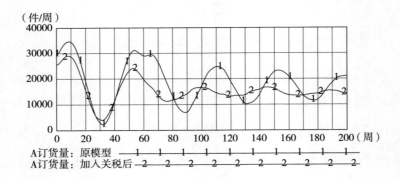

图 3-10 两个模型中供应商 A 订货量对比

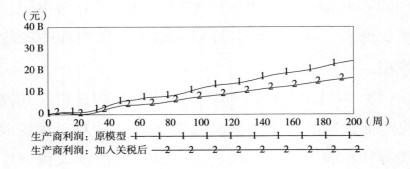

图 3-11 两个模型中生产商利润水平对比

由图 3-10 和图 3-11 可知，增加关税因素，导致供应商 A 的订货量和生产商的最优利润水平下降，关税保护了本国的相关供应商，限制了进口，但却同时降低了国外供应商和本国生产商的利润水平，因此，提高关税不一定利己。由此可见，由关税引发的贸易战是一件损害双方利益的不明智决策。

3.4.4　灵敏度分析

首先，让税率每次递增 10%，最后达到 100%。计算最优策略下的生产商利润、库存以及供应商 A 和供应商 B 的订货量。结果如表 3-2 所示。

表 3-2　最优策略下税率灵敏度分析

税率	P（t）（亿元）	I（t）（件）	A（t）（件）	B（t）（件）
0.20	205.061	133276	17734	6230
0.22	200.095	135516	17496	6484
0.24	195.001	137788	17250	6720
0.26	189.895	140001	17008	6966
0.28	185.024	142895	16765	7199
0.30	180.425	145110	16518	7434
0.32	174.886	147305	16268	7666
0.34	170.008	160005	16020	7904
0.36	165.566	162854	15761	8148
0.38	159.896	165010	15521	8399

续表

税率	P（t）（亿元）	I（t）（件）	A（t）（件）	B（t）（件）
0.40	155.055	167230	15288	8656

其次，让 A 可靠程度系数每次递增 10%，最后达到 100%。计算最优策略下的生产商利润、库存以及供应商 A 和供应商 B 的订货量。结果如表 3-3 所示。

表3-3 最优策略下 A 可靠程度系数灵敏度分析

税率	P（t）（亿元）	I（t）（件）	A（t）（件）	B（t）（件）
0.50	205.061	133276	17734	6230
0.55	207.185	133889	17995	5998
0.6	209.491	134425	18312	5757
0.65	211.895	135004	18606	5490
0.70	213.422	135556	18906	5239
0.75	214.845	136005	19155	5077
0.80	216.126	136448	19389	4889
0.85	217.316	136887	19587	4704
0.90	218.424	137112	19721	4596
0.95	219.533	137328	19913	4488
1.00	220.401	137499	20112	4385

再次，让 A 发货延迟每次递增 10%，最后达到 100%。计算最优策略下的生产商利润、库存以及供应商 A 和供应商 B 的订货量。结果如表 3-4 所示。

表 3-4 最优策略下 A 发货延迟灵敏度分析

AD	P（t）（亿元）	I（t）（件）	A（t）（件）	B（t）（件）
8	205.061	133276	17734	6230
10	200.959	152829	15788	8186
12	194.157	171788	14118	9885
14	188.852	192025	12775	11315
16	181.976	21188	11558	12608

最后，让 B 发货延迟每次递增 10%，最后达到 100%。计算最优策略下的生产商利润、库存以及供应商 A 和供应商 B 的订货量。结果如表 3-5 所示。

表 3-5 最优策略下 B 发货延迟灵敏度分析

BD	P（t）（亿元）	I（t）（件）	A（t）（件）	B（t）（件）
2	205.061	133276	17734	6230
3	203.458	131829	16739	7209
4	201.859	130388	15718	8217

基于上述表格可得到图 3-12～图 3-15，由图 3-12 和图 3-13 可知，生产商利润对税率最为敏感，生产商平均库存水平对 A 发货延迟最为敏感，这是因为 A 发货延迟的增加会将供应商 A 的产出不稳定性放大。

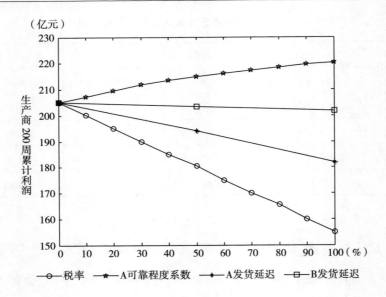

图 3-12　生产商利润灵敏度分析

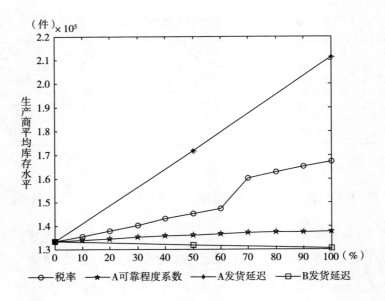

图 3-13　生产商库存灵敏度分析

由图 3-14 可知，供应商 A 平均订货量对 A 的发货延迟最敏感，对 A 可靠程度系数次之，即生产商对供应商 A 的最优订货量首先由供应商 A 的发货延迟决定，其次由供应商 A 自身的产出稳定性决定。

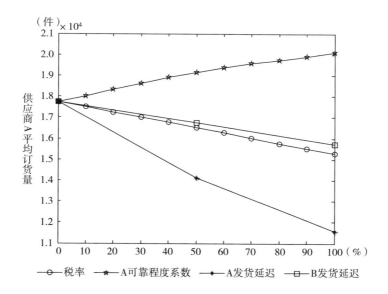

图 3-14　供应商 A 订货量灵敏度分析

由图 3-15 可知，供应商 B 平均订货量同样对供应商 A 的发货延迟最敏感，这是因为 A 订货量与 B 订货量呈线性负相关关系。因此，相关启示是双源采购下的生产商要特别注意关税和可靠性系数的变化。而针对生产商库存、供应商 A 和供应商 B 的订货量，则都要特别关注 A 的发货延迟。

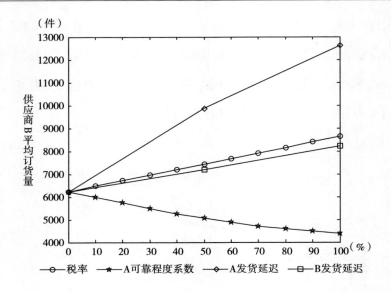

图 3-15　供应商 B 订货量灵敏度分析

3.5　本章小结

　　本章采用系统动力学方法研究了向价格低但稳定性差的国外供应商和价格高但稳定性好的国内供应商进行国际双源采购的决策问题。通过仿真，发现在确定供应商可靠程度的双源采购中，向国外供应商采购的数量并不是越多越好，存在一个确定的采购量，使生产商的采购利润最大；关税不仅影响生产商的采购决策，同时也影响生产商和国外供应商的利益，这对企业进行国际双源采购和政府制定关税税率提供了参考。本书的创新在于运用系统动力学诠释了国外供应商的不稳定性对整个供应链当期和后期的影响，且立足于生产商对国外供应商可靠程度的判断，求解了生产商最优的采购策略，通过对比关税前后的模型仿真结果，得出了关税对于整个供应链的影响。除此之外，模型还可以推广到不同供应商类型、采购价格、产品市场需求和产品市场价格的场景中。这些都给相关的决策者提供了一些理论参考，也丰富了与之相关的文献资料。

4 不同垂直一体化模式下出口导向型制造企业生产仿真研究

4.1 引言

近年来，随着市场环境不确定性的加剧、国际竞争环境的变化，出口导向型企业面临着关税贸易壁垒和劳动力成本增加的双重压力。例如，2019年8月15日，美国宣布将进一步对中国出口美国的约3000亿美元的商品加征关税，税率为10%。对此，中国也立即宣布对美国实施相应的反制措施（鲍勤等，2020）。贸易争端导致出口导向型企业的市场成本增加。另外，根据2008~2018年中国制造业用工成本数据（马双、赖漫桐，2020），中国制造业企业用工成本逐年上升，2008~2018年的十年间增长近两倍。不断增长的用工成本无疑将增加企业的生产成本，进一步增加中国出口导向型企业的压力。

在垂直一体化生产中，有效控制生产成本是缓解压力的重要手段（孙喜，2020）。例如，作为国内汽车玻璃市场占有率高达65%的福耀玻璃通过对上下游的不断拓展，降低了企业成本。从上游来看，由于浮法玻璃是福耀玻璃重要的原材料，成本占比约为30%，2019年浮法玻璃自供率已达80%~90%。除了原材料，福耀玻璃也实现了自制生产设备。从下游来看，2019年福耀玻璃又成功收购德国铝饰条企业SAM，此举进一步完善了福耀企业垂直一体化战略，还通过收购企业SAM开拓了欧洲市场[1]。李宁公司于2019年在广西南宁建立了自己的生产基地，进行供应链的垂直一体化战略[2]。此外，作为全国纺织服装行业龙头企业的雅戈尔集团近年来通过对其上游业务的垂直整合，进一步形成了企业的核心竞争力和创新能力，为企业的高质量发展注入了新的活力[3]。

近年来，劳动力成本（郭也，2021）和关税（刘名武等，2021）等因素对出口导向型制造企业的决策产生了重要影响。出口导向型制造企业通过垂直一体化战略来加强对生产成本的控制。在实践中，我们发现垂直一

---

① 资料来自 https：//www.fuyaogroup.com/。
② 资料来自 http：//www.sports.cn/yjsy/2019/0531/241643.html。
③ 资料来自 http：//www.youngor.com。

体化存在部分垂直一体化和完全垂直一体化两种不同的生产模式，它们对于生产决策的影响是不同的，那么，在这两种生产模式下，零部件垂直生产系数对制造企业的营利性有什么不同？出口关税对企业的垂直生产策略的选择有什么影响？企业劳动力成本的变化对垂直一体化战略的选择有影响吗？影响的程度如何？这是企业界和学术界共同关注的问题。

出口导向型企业的供应链从上游供应端到下游销售端，是一个动态的反馈系统，供应链系统的整体性和协调性对企业的利润至关重要，对于需要多种原材料的出口导向型企业来说，进行生产决策又存在着独特的相互制约的复杂反馈影响，例如：①产品的持有数量将影响各种零部件的采购决策，而零部件的采购决策又将动态影响产品的持有数量；②由于生产产品时需要多种零部件，因此每种零部件的采购决策也将相互影响。除此之外，每种零部件的生产和到货延迟时间、产品安全库存的动态调节和市场需求的不确定性穿插其中，使问题变得十分复杂。系统动力学模型能够很好地处理这些问题（王翠霞，2020）。因此，为了比较不同垂直一体化模式对生产决策的影响，本书采用系统动力学研究方法，建立部分垂直一体化和完全垂直一体化生产模式的系统动力学模型，比较两种不同生产模式下零部件垂直生产系数对制造企业营利性的影响，分析出口关税和企业劳动力成本对垂直生产策略的影响，为制造企业实施垂直化决策提供理论依据。

在垂直一体化对企业的影响方面，国内外关于企业垂直一体化的研究已经积累了丰富的理论文献和实证文献。本书第 2 章已对此进行了介绍，这里不再赘述。

而在关税方面，岳万勇和赵正佳（2012）研究了不确定需求下跨国供应链数量折扣问题，研究发现，当提高关税或汇率减少时，供应商和零售商的利润都会相应减少，当供应商提供数量折扣后，供应商和零售商的利润有了明显的增加。鲍勤等（2020）在系统科学视角下研究中美贸易摩擦对中国经济影响的传导程度，结果表明，中美贸易摩擦对中国宏观经济的负向冲击总体可控，但对中国进出口贸易特别是与高端制造业密切相关的行业出口有明显的负向冲击，美国提高关税税率将加剧负向冲击。谢锐等（2020）整理中美两国双边产业关税数据库，揭示了中国关税有效保护率的新发展趋势，并就中美贸易摩擦及其可能的应对情景进行了模拟分析，研究表明，2000～2014 年，中国的总体有效保护率从 22.25% 下降至 12.56%，中国国内生产者面临的国际竞争正日益增强；产业的有效保护率水平与产业增加值占 GDP 比重变化呈正相关关系，关税的资源配置效应明显。鲍勤等（2010）采用可计算一般均衡模型，测算了美国征收碳关税对我国对外贸易、经济、环境等方面的影响，结果表明：碳关税将直接给我国对外贸易带来巨额财富损失，尽管碳关税能在一定程度上减少碳排放，但其环境改善的效果相对有限。石敏俊等（2018）分析了上海合作组织相关国家贸易自由化的经济效应，以及对中国和"丝绸之路经济带"沿线国家各国贸易关系的影响，模拟结果表明，上海合作组织相关国家贸易自由化，可以有效应对俄—白—哈关税同盟对中国和相关国家经济和贸易带来的冲击，从而推进"一带一路"倡议构想的实施。

以上关于垂直一体化的研究，都是使用实证研究、博弈论和运筹学进行的，供应链中诸如市场需求、供应、生产等因素都具有不确定性与相互影响性，这些研究方法不能很好地体现这种动态变化的反馈过程，而系统动力学能够解决这一问题。李卓群等（2020）利用系统动力学模型研究了闭环供应链相关问题。王翠霞（2020）利用系统动力学研究了生态农业规模化经营策略。雷兵（2017）运用系统动力学理论与方法，揭示中国网络零售业的消费者规模、人均消费额、物流配送能力、网络零售服务外包规模在 2001～2030 年的发展情况。贾晓菁等（2019）构建了二手车电子商务模式下的系统动力学模型，研究结论指出，最终赢得市场的商业模式不是简单的 C2C、B2C、B2B 等，而是企业自身的商业模式要达到动态反馈系统的整体协调发展。石永强等（2015）采用定性分析与系统动力学建模定量分析相结合的方法，建立了第三方直通集配中心模式下的供应链系统动力学模型，证明了该模式比分散式 VMI 模式更优。王翠霞等（2017）利用系统动力学方法研究了农业废弃物第三方治理政府补贴政策效率。贾晓菁等（2019）以供应链模型参数调控延迟计算为例，研究了系统动力学运算过程图分析方法。

综合文献分析，我们发现国内外对垂直一体化的研究比较侧重于实证和经济学角度，少数文献从供应链管理决策角度进行了探讨，鲜有文献从系统动态性角度探讨垂直一体化对企业运作决策的影响，特别是对于当前我国企业面临的国际竞争环境下的出口导向型企业的垂直一体化战略的研究非常缺乏。本书的研究角度契合当前国家战略和企业需求，研究得到的结论对于解决当前出口导向型企业的困境有重要参考价值。

4.2 垂直一体化生产模式及其系统动力学仿真模型

4.2.1 问题背景和问题描述

本节的研究对象为一家产品面向海外市场的制造

商，其产品需要两种零部件 S1 和 S2。考虑两种生产模式，第一种我们称之为部分垂直一体化生产模式，第二种我们称之为完全垂直一体化生产模式。在第一种生产模式中，制造商自主采购并加工零部件 S1，而零部件 S2 则外包生产，供应商的有效产出比例对于制造商来说是未知的。在第二种生产模式中，制造商垂直生产零部件 S1 和 S2，并组装成产品。制造商生产的产品全部面向国外市场进行销售，海外市场的进口关税由制造商承担。这里需要构建两类不同的模型：第一种模型是部分垂直一体化生产的模型，如图 4-1（a）所示，即制造商生产零部件 S1，向供应商采购零部件 S2，并最终生产出产品；第二种是完全垂直生产一体化模型，如图 4-1（b）所示，即制造商实施垂直一体化战略，自己生产零部件 S1 和 S2，并最终生产出产品。

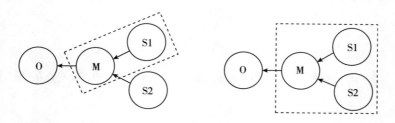

（a）部分垂直一体化生产模式的业务流程 （b）完全垂直一体化生产模式的业务流程

图 4-1 垂直一体化生产模式的业务流程

注：O 表示产品海外销售市场，M 表示产品制造商，S1、S2 分别表示零件供应商 1、2。

由于两种垂直一体化的生产模式对生产决策的影响是不同的，因此我们的研究问题是：在部分垂直一体化和完全垂直一体化两种生产模式中，零部件垂直生产系数对制造企业的营利性的影响，以及出口关税和企业劳动力成本的变化对垂直一体化战略选择的影响。

4.2.2　基本假设

（1）生产一单位产品需要一单位零部件 S1 和一单位零部件 S2，因此生产商的产品制造量 = min（制造商 S1 库存，制造商 S2 库存）。

（2）未售出的剩余产品仍然具有价值，引入单位残值。

（3）缺货会导致损失，引入缺货损失系数。

（4）产品向国外出售，制造商需承担国外进口关税，关税按从价关税计算，令国外进口关税 = 销售收入×从价税率（初始值设为 0.2）。假设无本国出口关税。

（5）由于制造商拥有一定的产品初始库存，因此在前期完全垂直生产下的利润总是低于部分垂直生产下的利润，故制造商利润水平以长期利润为准。

4.2.3　部分垂直一体化生产模式的模型

部分垂直一体化生产模式的系统动力学模型如图

4-2 所示，在该模型中，S1 由制造商垂直生产，其生产所需原材料、人力成本等统筹设为 S1 单位制造价格，S2 由制造商向外采购。该模式的优点是：价格低、到货快，即垂直生产时间>向外采购到货时间，在模型中表现为 S1 生产提前期＝8>S2 发货延迟＝4。缺点是：具有供应中断风险，容易造成缺货，在模型中表现为 S2 发货率受到 S2 有效产出系数的影响，S2 有效产出系数服从期望 0.85、方差 0.1 的正态分布。

4.2.4　完全垂直一体化生产模式的模型

在完全垂直一体化生产模式的模型中，零部件 S1 和 S2 都由制造商垂直生产，S2 生产所需原材料、人力成本等统筹设为 S2 单位制造成本。该模式的优点是：生产稳定、供应中断风险低。缺点是：到货慢，即垂直生产时间>向外采购到货时间，在模型中表现为 S1 生产提前期＝S2 生产提前期＝8>S2 采购发货延迟＝4，且价格高；在模型中表现为 S2 单位制造成本＝S2 单位采购价格×S2 垂直生产损失系数，其中 S2 垂直生产损失系数为正数，其取值与 S2 单位制造成本正相关，初始值暂取 1.5。

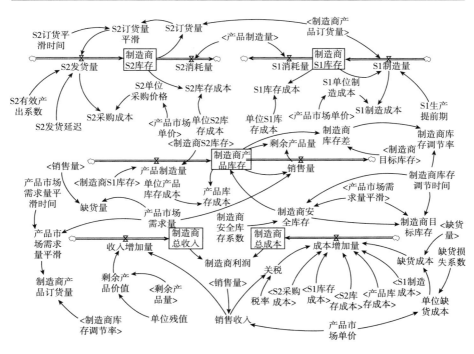

图4-2 部分垂直一体化生产模式的系统动力学模型

模型具体方程如表4-1所示。

表4-1 垂直一体化生产模式下的系统动力学模型的主要参数方程式

序号	变量名称	数学表达式
1	S1 制造成本	S1 制造量×S1 单位制造成本
2	S1 制造量	DELAY3I（MAX（制造商产品订货量−制造商 S1 库存，0），S1 生产提前期，0）
3	S1 单位制造成本	产品市场单价×0.3
4	S1 库存成本	制造商 S1 库存×单位 S1 库存成本
5	S1 消耗量	产品制造量
6	S1 生产提前期	8

序号	变量名称	数学表达式
7	S2 单位采购价格	0.2×产品市场单价
8	S2 发货延迟	4
9	S2 发货量	DELAY3I（S2 订货量平滑×S2 有效产出系数，S2 发货延迟，0）
10	S2 库存成本	制造商 S2 库存×单位 S2 库存成本
11	S2 有效产出系数	RANDOM NORMAL（0.7，1，0.85，0.1，0.8）
12	S2 订货平滑时间	5
13	S2 订货量	MAX（制造商产品订货量−制造商 S2 库存，0）
14	S2 订货量平滑	SMOOTH（S2 订货量，S2 订货平滑时间）
15	产品库存成本	单位产品库存成本×制造商产品库存
16	S2 采购成本	S2 单位采购价格×S2 发货量
17	产品制造量	MIN（制造商 S1 库存，制造商 S2 库存）
18	产品市场单价	RANDOM UNIFORM（10000，15000，12000）
19	产品市场需求量	RANDOM NORMAL（20000，30000，24000，3000，22000）
20	产品市场需求量平滑	SMOOTH（产品市场需求量，产品市场需求量平滑时间）
21	税率	0.2
22	关税	销售收入×税率
23	制造商 S1 库存	INTEG（S1 制造量−S1 消耗量，0）
24	制造商产品库存	INTEG（产品制造量−销售量，制造商安全库存）
25	制造商安全库存	产品市场需求量平滑×制造商安全库存系数×制造商库存调节时间
26	制造商总成本	INTEG（成本增加量，0）
27	制造商总收入	INTEG（收入增加量，0）
28	制造商库存调节率	制造商库存差/制造商库存调节时间
29	制造商目标库存	产品市场需求量平滑×制造商库存调节时间+制造商安全库存
30	剩余产品价值	剩余产品量×单位残值
31	剩余产品量	MAX（0，制造商产品库存−销售量）
32	单位缺货成本	产品市场单价×缺货损失系数
33	成本增加量	S2 采购成本+S1 制造成本+产品库存成本+缺货成本+关税+S1 库存成本+S2 库存成本
34	收入增加量	剩余产品价值+销售收入

续表

序号	变量名称	数学表达式
35	缺货成本	单位缺货成本×缺货量
36	缺货量	MAX（0，产品市场需求量-销售量）
37	销售收入	产品市场单价×销售量
38	销售量	MIN（产品市场需求量，制造商产品库存）

4.3　模型仿真与模型有效性的检验

4.3.1　现实性检验

因模型是为制造商做决策提供参考，不考虑供应商的成本、利润和库存等因素，制造商根据其产品库存情况和产品市场需求情况来确定制造商产品订货量，然后根据其 S1 和 S2 的库存情况确定 S1 制造量和 S2 订货量（完全垂直一体化模型中为 S2 制造量），供应商按照 S2 订货量进行生产，为贴合实际，对产品市场需求量和 S2 订货量做平滑处理，且供应商供应不稳定，每期供货量均有差异，因此假设 S2 有效产出系数为服从正态分布的随机变量。

检验一：将部分垂直一体化模型中的 S2 有效产出

水平 降 低，S2 有 效 产 出 系 数 由 RANDOM NORMAL（0.7，1，0.85，0.1，0.8）变 为 RANDOM NORMAL（0.5，1，0.75，0.2，0.7），得 到 制 造 商 S2 库 存 和 制 造 商 利 润 变 化，分 别 如 图 4-3（a）、图 4-3（b）所 示。

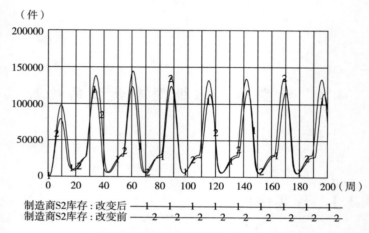

（a）部分垂直一体化模型下制造商S2库存变化

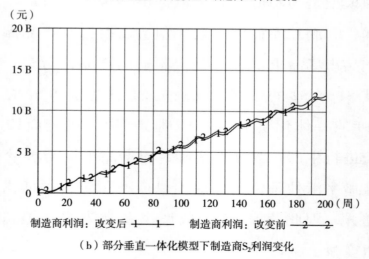

（b）部分垂直一体化模型下制造商S$_2$利润变化

图 4-3 部分垂直一体化模型下制造商 S2 库存及制造商利润变化

由于制造商 S2 有效产出系数降低、供应水平降低，造成制造商 S2 库存水平和利润水平也降低，符合现实，部分垂直一体化模型通过现实性检验。

将完全垂直一体化生产模型中 S2 垂直生产损失系数降低，由 1.5 变为 1.2，我们发现制造商利润变大，这是由于 S2 垂直生产损失系数变低，制造商生产 S2 的成本相应变低，利润水平也高于改变前，符合现实，完全垂直一体化模型通过现实性检验。

检验二：分别将部分垂直一体化模型中制造商 S1 生产提前期和采购 S2 的到货延迟变为 20，得到制造商产品库存和利润，分别如图 4-4（a）、图 4-4（b）所示。

S1 和 S2 响应时间长度的增加导致供应链系统信息延迟增加，面对需求的不确定市场的反应能力也随之下降，因此，制造商产品库存震荡幅度变大，利润水平也降低，且提高 S2 到货延迟时所引起的库存震荡幅度和利润水平下降幅度要明显大于提高 S1 生产提前期，这是因为采购 S2 时存在无效产出的不稳定因素，提高 S2 到货延迟放大了这一影响，这也说明部分垂直一体化模式下制造商对外包响应时间的敏感程度要大于对自产响应时间的敏感程度，部分垂直一体化模型通过现实性检验。

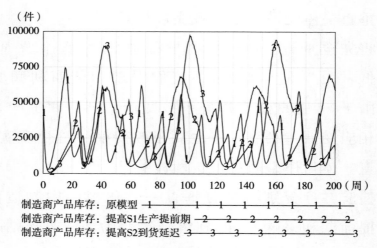

制造商产品库存：原模型 ———1——1——1——1——1——1——1——1——1—

制造商产品库存：提高S1生产提前期 —2——2——2——2——2——2——2——2—

制造商产品库存：提高S2到货延迟 —3——3——3——3——3——3——3——3——3—

（a）改变外包和自产响应时间的制造商产品库存变化

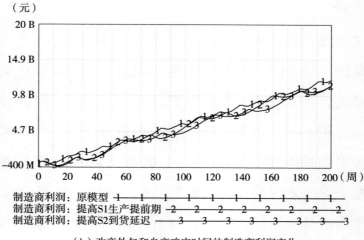

制造商利润：原模型 ———1——1——1——1——1——1——1——1——1—

制造商利润：提高S1生产提前期 —2——2——2——2——2——2——2——2—

制造商利润：提高S2到货延迟 ———3——3——3——3——3——3——3——3—

（b）改变外包和自产响应时间的制造商利润变化

图 4-4　改变外包和自产响应时间的制造商产品库存及利润变化

4.3.2 极端性检验

将部分垂直一体化模型中 S2 有效产出系数分别变为常数 0 和 1，得到制造商利润变化，如图 4-5（a）所示。

当 S2 有效产出系数变为 1 时，供应变得稳定，利润水平上升；当 S2 有效产出系数变为 0 时，S2 无产出，制造商无法生产出产品，没有收入，只有缺货成本，因此利润恒为负值，且随时间递减，部分垂直一体化模型通过极端性检验。

将完全垂直一体化生产模型中 S2 垂直生产损失系数分别变为 1 和 3，得到制造商利润变化，如图 4-5（b）所示。

当 S2 垂直生产损失系数变为 1 时，S2 制造成本变得和部分垂直一体化模型下 S2 的采购成本一样，但其供应稳定性却没有降低，因此利润水平上升；S2 垂直生产损失系数变为 3 时，S2 制造成本过高，总成本大于总收入，因此利润水平除初期为正值外，后期为单调递减的负数，初期为正值的原因是模型方程中设定制造商拥有一定的初始产品库存，完全垂直一体化生产模型通过极端性检验。

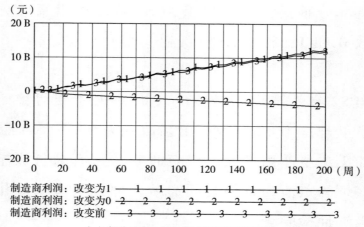

（a）部分垂直一体化模型制造商利润变化

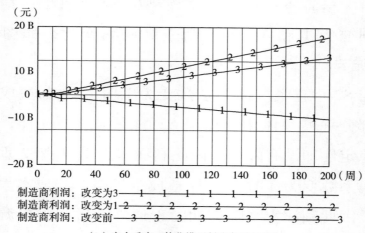

（b）完全垂直一体化模型制造商利润变化

图4-5　不同垂直一体化模型制造商利润变化

4.4 模型对比与制造商决策分析

本章首先对两种垂直一体化模型进行比较，讨论关税对制造商决策的影响。然后在原来的模型基础上，细分成本，进一步建立劳动力成本影响下的仿真模型，以考察劳动力成本对决策的影响。

4.4.1 部分垂直一体化模型与完全垂直一体化模型分析对比

对部分垂直一体化模型和完全垂直一体化模型实施仿真实验，得出制造商产品库存、缺货量、利润的对比，如图 4-6 所示。

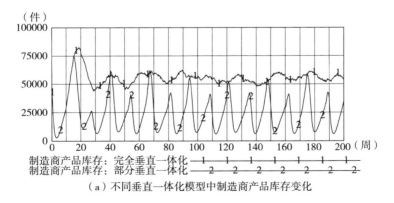

（a）不同垂直一体化模型中制造商产品库存变化

图 4-6 不同垂直一体化生产模型中制造商产品库存、缺货量及制造商利润对比

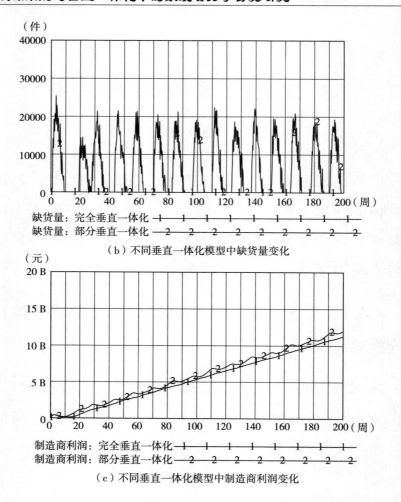

（b）不同垂直一体化模型中缺货量变化

（c）不同垂直一体化模型中制造商利润变化

图 4-6　不同垂直一体化生产模型中制造商产品库存、缺货量及制造商

利润对比（续图）

　　以上为完全垂直一体化模型中 S2 垂直生产损失系数等于 1.5 时两模型的制造商产品库存、缺货量和利润对比。由于部分垂直一体化模型下 S2 的供应不稳定，导致生产也不稳定，即制造商产品库存曲线呈现震荡趋势，销售也随之不稳定，表现为周期性的高额缺货成本和陡峭上升的利润曲线。而 S1 和 S2 都由生产商垂直生产时，供应相对稳定，制造商产品库存经过初期调整后明显稳定在某一水平上，只有初期出现了缺货成本，后期缺货成本恒等于 0，且生产商利润曲线呈平滑上升趋势。

下面改变 S2 垂直生产损失系数，分析制造商的最优决策。令 S2 垂直生产损失系数等于 1.4，得到完全垂直一体化模型（一）；令 S2 垂直生产损失系数等于 1.5，得到完全垂直一体化模型（二）。将这两个模型制造商利润与部分垂直一体化模型制造商利润进行对比，对比情况如图 4-7 所示。

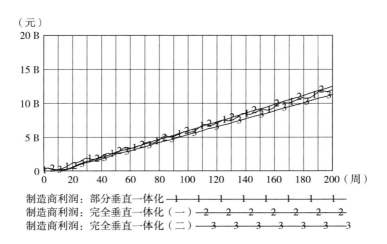

图4-7　各种 S2 垂直生产损失系数下制造商利润对比

由图 4-7 可见，完全垂直一体化生产模型制造商利润水平随 S2 垂直生产损失系数的上升而下降，制造商的最优决策为：当 S2 垂直生产损失系数<1.5 时，完全垂直一体化生产模型利润高，即制造商的最佳行动是垂直生产 S1 和 S2；当 S2 垂直生产损失系数≥1.5 时，部分垂直一体化模型利润高，即制造商的最佳行动是垂直生产 S1，向外采购 S2。制造商的最优行动分界点为 S2 垂直生产损失系数=1.5。

4.4.2 关税对于制造商决策的影响

上面分析的皆为关税税率等于 0.2 时的仿真结果，下面将模拟关税变动时制造商的最优决策：令税率由 0.2 变为 0.3，同样，令 S2 垂直生产损失系数等于 1.2，得到完全垂直一体化模型（三）；令 S2 垂直生产损失系数等于 1.3，得到完全垂直一体化模型（四）；令 S2 垂直生产损失系数等于 1.4，得到完全垂直一体化模型（五）。将这三个模型制造商利润与部分垂直一体化模型制造商利润进行对比，对比情况如图 4-8 所示。

显然，此时制造商的最优决策已经改变，受关税影响，当 S2 垂直生产损失系数<1.3 时，完全垂直一体化生产模型利润高，即制造商的最佳行动是垂直生产 S1 和 S2；当 S2 垂直生产损失系数≥1.5 时，部分垂直一体化模型利润高，即制造商的最佳行动是垂直生产 S1，向

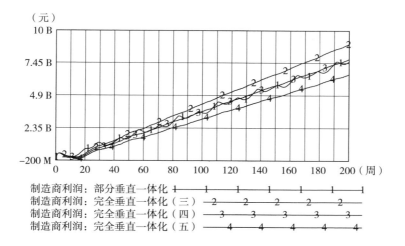

图 4-8 关税变动时各种 S2 垂直生产损失系数下制造商利润对比

外采购 S2；当 S2 垂直生产损失系数 = 1.4 时，部分垂直一体化模型与完全垂直一体化生产模型利润水平相当，不同之处在于部分垂直一体化模型下的利润水平较为陡峭，因此在这种情况下，最优行动要根据制造商的风险偏好类型来决定。

继续增高关税税率，就容易发现制造商的最优行动分界点，即 S2 垂直生产损失系数的值越来越低。因此，完全垂直一体化模式下制造商向海外销售产品采取何种生产方式，不仅取决于生产商垂直生产时的成本，也取决于关税税率的高低，关税越高，对制造商 S2 垂直生产损失系数的要求就越高。

4.4.3 考虑劳动力成本的新模型

上面考虑的是关税对于制造商决策的影响，S2 垂直生产损失系数为各种成本叠加起来的系数，为研究劳动力成本对制造商最优决策的影响，本节将 S2 单位采购价格和 S1 单位制造价格分解为劳动力成本和其他成本，构建了考虑劳动力因素的部分垂直一体化模型（见图 4-9）和考虑劳动力因素的完全垂直一体化模型（见图 4-10），并假设：

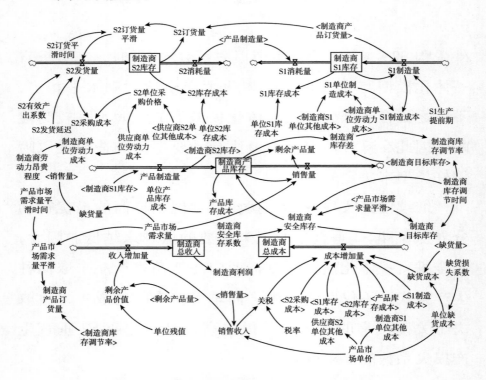

图 4-9 考虑劳动力因素的部分垂直一体化模型

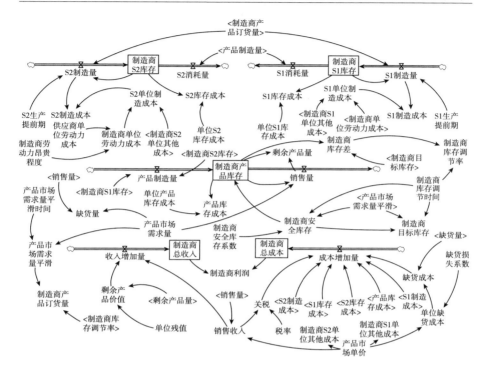

图 4-10　考虑劳动力因素的完全垂直一体化模型

（1）生产 1 单位 S1 需要 0.3 单位的劳动力，生产 1
单位 S2 需要 0.2 单位的劳动力。

（2）制造商单位劳动力成本 > 供应商单位劳动力
成本，令单位供应商单位劳动力成本 = 3000，制造商
单位劳动力成本 = 供应商单位劳动力成本 × 制造商劳
动力昂贵程度，制造商劳动力昂贵程度初始值设定
为 1.5。

（3）将生产 S1 和 S2 除劳动力以外的其他因素统筹

设为其他成本，其他成本与产品市场单价线性相关，且为正相关关系。

（4）在考虑劳动力因素的完全垂直一体化生产模型中，S1 和 S2 都由制造商垂直生产，其优缺点相对于完全垂直一体化生产模型的差别在于将供应商相对于制造商的价格优势细化为制造商单位劳动力成本>供应商单位劳动力成本和制造商 S2 单位其他成本＝产品市场单价×0.12>供应商 S2 单位其他成本＝产品市场单价×0.1。

4.4.4　劳动力成本对于制造商决策的影响

考虑劳动力因素的不同垂直一体化模型的对比与上文中部分垂直一体化模型和完全垂直一体化生产模型的对比不同，上文部分垂直一体化模型、完全垂直一体化生产模型的对比中只有完全垂直一体化生产模型受到 S2 垂直生产损失系数变化的影响，而考虑劳动力因素的两种垂直一体化模型都受到制造商劳动力昂贵程度变化的影响，所以，如图 4-11 所示，改变劳动力昂贵程度将同时改变这两种垂直一体化模型的利润曲线，经过多次仿真模拟，得到制造商的最优行动分界点为制造商劳动力昂贵程度＝2.3。

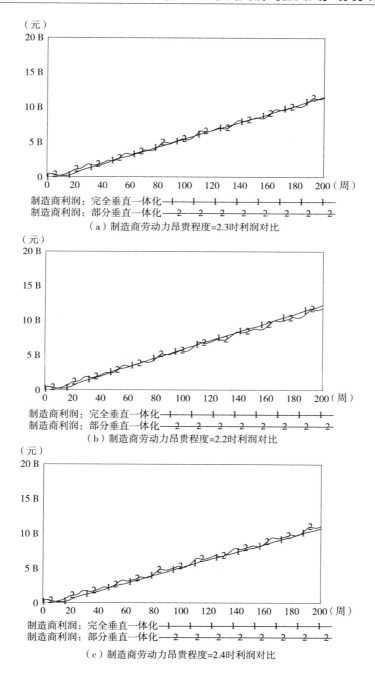

（a）制造商劳动力昂贵程度=2.3时利润对比

（b）制造商劳动力昂贵程度=2.2时利润对比

（c）制造商劳动力昂贵程度=2.4时利润对比

图4-11　制造商劳动力昂贵程度为不同取值时利润对比

制造商的最优决策为：当制造商劳动力昂贵程度 <
2.3 时，考虑劳动力因素的完全垂直一体化生产模型利
润高，即制造商的最佳行动是垂直生产 S1 和 S2；当制
造商劳动力昂贵程度 > 2.3 时，考虑劳动力因素的部分
垂直一体化模型利润高，即制造商的最佳行动是垂直生
产 S1，向外采购 S2；当制造商劳动力昂贵程度 = 2.3
时，这两种模型利润水平相当，不同之处在于考虑劳动
力因素的部分垂直一体化模型利润水平较为陡峭，因此
这种情况下的最优行动同样要根据制造商的风险偏好类
型来决定。

以上为单位供应商单位劳动力成本为 3000 时制造
商的最优采购决策，模型还可以模拟其他初始劳动力价
格下的最优决策，提高初始单位供应商单位劳动力成本
就容易发现制造商的最优行动分界点，即制造商劳动力
昂贵程度的值会越来越低。除此之外，还可以同时变动
关税税率和劳动力价格，因此，模型具有很强的推广
意义。

接下来，对部分垂直一体化生产模式和完全垂直一
体化生产模式分别做灵敏度分析，考察关税、制造商劳
动力成本和供应商劳动力成本对制造商的利润影响见表
4-2~表 4-4。灵敏度分析结果如图 4-12 和图 4-13
所示。

表4-2　税率对两种生产模式下利润的影响

税率	增加率（％）	制造商200周累计利润（部分垂直一体化）（亿元）	制造商200周累计利润（完全垂直一体化）（亿元）
0.20	0	139.743	172.428
0.22	10	130.837	160.557
0.24	20	121.931	148.685
0.26	30	113.024	136.814
0.28	40	104.118	124.943
0.30	50	95.2112	113.071
0.32	60	86.305	101.200
0.34	70	77.3984	89.3285
0.36	80	68.4921	77.4572
0.38	90	59.5856	65.5852
0.40	100	50.6793	53.7149

表4-3　制造商劳动力成本对两种生产模式下利润的影响

制造商单位劳动力成本	增加率（％）	制造商200周累计利润（部分垂直一体化）（亿元）	制造商200周累计利润（完全垂直一体化）（亿元）
4500	0	139.7430	172.4280
4950	10	134.8840	161.6320
5400	20	130.0250	150.8350
5850	30	125.1650	140.0380
6300	40	120.3060	129.2410
6750	50	115.4460	118.4440
7200	60	110.5870	107.6480
7650	70	105.7270	96.8511
8100	80	100.8680	86.0540
8550	90	96.0088	75.2579
9000	100	91.1495	64.4605

表 4-4　供应商劳动力成本对两种生产模式下利润的影响

供应商单位 劳动力成本	增加率 （%）	制造商 200 周累计利润 （部分垂直一体化）（亿元）	制造商 200 周累计利润 （完全垂直一体化）（亿元）
3000	0	139.743	172.428
3300	10	137.558	172.428
3600	20	135.372	172.428
3900	30	133.187	172.428
4200	40	131.001	172.428
4500	50	128.816	172.428
4800	60	126.631	172.428
5100	70	124.445	172.428
5400	80	122.259	172.428
5700	90	120.074	172.428
6000	100	117.889	172.428

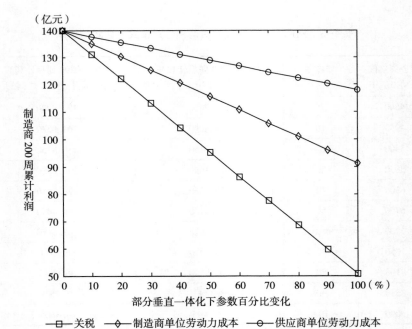

图 4-12　部分垂直一体化下的灵敏度分析

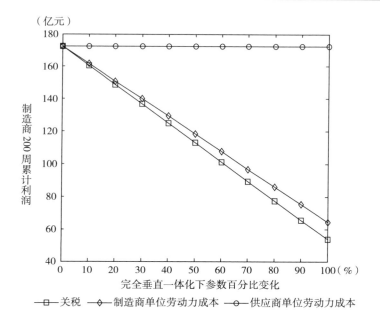

图4-13 完全垂直一体化下的灵敏度分析

通过模拟可以得到以下管理启示：

（1）从纵向来看，在三个参数之中，部分垂直一体化生产模式和完全垂直一体化生产模式下的制造商利润均对关税最敏感，因此，无论采用何种垂直一体化战略，出口导向型企业都要将关税作为管理决策的首要考虑因素，关税对制造商最优行动分界点的影响程度更大。

（2）从横向来看，当关税税率和制造商单位劳动力成本发生变动时，完全垂直一体化生产模式下的制造商利润波动较大；当供应商劳动力成本变动时，完全垂直一体化生产模式下的制造商不会受到影响，因此利润不变。

4.5　本章小结

本章以出口导向型的垂直制造商为研究对象，对部分垂直一体化生产模式和完全垂直一体化生产模式进行了研究。在部分垂直一体化模式中，一种零部件由自己制造，另一种零部件采用外包生产。在完全垂直一体化模式中，两种零部件都由制造企业自己垂直制造。在市场需求和供应商有效产出系数不确定的条件下，本章利用系统动力学建立了两种不同垂直一体化模型下的系统流量图，并完成了现实性检验和极端性检验，通过对两种模型进行仿真对比，研究发现：

第一，在确定关税税率的条件下，存在唯一的制造商最优行动分界点，并且当关税税率提高时，制造商的最优行动分界点即 S2 垂直生产损失系数的值会越来越低。因此，企业管理者应当关注出口市场关税税率变化情况，当税率较高时，制造商的最优行动分界点会偏低，即对垂直生产损失系数的要求越高，适合采用部分垂直一体化战略；反之，当税率较低时，采用完全垂直一体化战略更好。

第二，本章在模型中将成本进行细分，考虑劳动力价格对制造商最优决策的影响，求出了当单位供应商劳动力成本固定时制造商的唯一最优行动分界点即制造商劳动力昂贵程度，并发现当提高单位劳动力成本时，制造商的最优行动分界点也会降低。因此，企业管理者应该对生产产品所消耗的劳动力进行评估和把控，对于需要消耗大量劳动力成本进行生产或者制造工艺和过程复杂的产品，适合采用部分垂直一体化战略；对劳动力要求不高或者制造工艺简单的产品，采用完全垂直一体化战略更好。

第三，基于灵敏度分析，我们发现关税对两种垂直一体化生产模式的影响都是最大的，因此，企业管理者在进行销售目标市场和劳动力市场选择的权衡时，要优先确定关税税率较低的销售目标市场，再考虑劳动力市场的选择。完全垂直一体化生产模式下制造商的利润更易受关税和劳动力成本的影响，因此，企业在考虑选择完全垂直一体化战略时，要着重对目标市场的关税税率和劳动力成本波动情况进行评估。

本部分的创新点是针对目前出口导向型企业面临关税和劳动力成本上升的双重压力，求解了制造商的最优行动分界点，发现了垂直生产损失系数对于决策的影响，给出了关税税率和劳动力成本均与制造商的最优行动分界点为负相关关系的结论，并针对这些结论为企业管理者的决策提供了参考。这些管理启示对出口导向型企业实施垂直化战略具有重要的参考意义，除此之外，模型还可以被用来研究国际双源采购、跨国销售等问题。

5 多因素影响下内销型企业垂直一体化仿真分析

5.1 引言

近年来，受国际竞争环境变化的影响，越来越多的制造企业开始实施垂直化战略。具体而言，完全垂直一体化下制造商将生产主要的不同零部件。国际部分垂直一体化下制造商将自己生产一种零部件，而从海外采购另一种零部件。国内部分垂直一体化下制造商将自己生产一种零部件，而在国内采购另一种零部件。无论是哪种垂直一体化战略，最终都由制造商完成产品加工并进行销售。在本书中，内销型制造商的产品只在国内出售。

5.2　问题背景及研究问题

为了应对复杂多变的国际竞争环境和节约成本，制造企业实施垂直一体化战略。垂直一体化存在多种不同的生产模式，如图 5-1 所示。第一种为完全垂直一体化（见图 5-1（a）），在该模式下，制造企业将自己生产产品所需的两种零件，并组装生产产品。第二种为国内部分一体化（见图 5-1（b）），在该模式下，制造企业将自己生产产品所需的一种零件，另一种零件将从国内供应商处采购，并最终组装生产产品。第三种为国际部分一体化（见图 5-1（c）），在该模式下，制造企业将自己生产产品所需的一种零件，另一种零件将从海外供应商处采购，并最终组装生产产品。假设三种不同的生产模式下生产的产品都为国内市场服务。

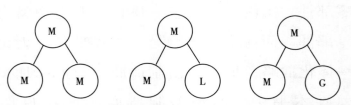

（a）完全垂直一体化　（b）国内部分垂直一体化　（c）国际部分垂直一体化

图 5-1　垂直一体化下的多种模式

由于三种不同的垂直一体化模式对制造企业生产决策的影响是不同的，因此我们的研究问题主要包括：

（1）在完全垂直一体化、国内部分一体化和国际部分垂直一体化三种不同生产模式下，影响制造企业的决策参数有哪些？

（2）进口关税对内销型企业的垂直生产策略的选择有什么影响？

（3）汇率的变化对内销型企业的垂直一体化战略又有何影响？

5.3　系统动力学模型构建

本章构建的系统动力学模型主要包括两层：制造商和供应商，运用软件 Vensim PLE 进行仿真分析，图 5-2 和图 5-3 为存量和流量的概括。

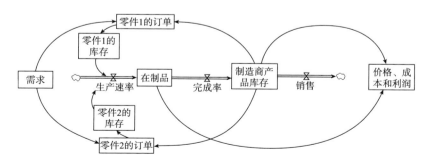

图 5-2　垂直一体化供应链结构

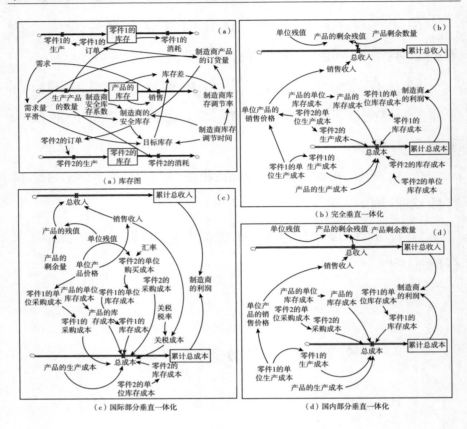

图 5-3　垂直供应链结构

5.4　模型仿真及结果分析

5.4.1　有效性检验

在运用仿真模型研究系统惯例与反向知识溢出影响

关系之前，先对模型的有效性进行检验。将产品的售价从 RANDOM UNIFORM（100，200，5）改变为 RANDOM UNIFORM（400，600，10），通过观察仿真模型，发现制造商利润在产品售价提高后也相应地增加了，这符合现实情况，因此模型通过有效性检验，具体结果如图 5-4 所示。

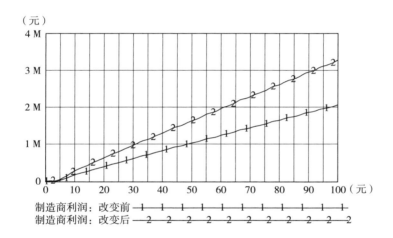

图 5-4　制造商利润在销售价格变化前后的对比

5.4.2　灵敏度检验

在有效性检验通过的前提下，继续进行灵敏度检验。根据前文理论分析，国际部分垂直一体化中关税和汇率对制造商的利润有着重要影响。下面将考虑关税、汇率、零件 1 的生产提前期和销售价格对不同垂直化的影响。

（1）关税对国际部分垂直化的影响。关税从 0.20
开始，每次递增 10%，最后到达 0.30。从表 5-1 可以看
到，国际部分垂直一体化下的制造商利润从 117.478 万
元减少到了 117.321 万元。

表 5-1 t 对应的最优结果

t	tΔ%	国际部分垂直一体化制造商利润（万元）
0.20	0	117.478
0.22	10	117.447
0.24	20	117.416
0.26	30	117.384
0.28	40	117.353
0.30	50	117.321

（2）汇率对国际部分垂直化的影响。汇率从 0.20
开始，每次递增 10%，最后到达 0.30。从表 5-2 可以看
到，国际部分垂直一体化下的制造商利润从 117.478 万
元减少到了 116.536 万元。

表 5-2 e 对应的最优结果

e	eΔ%	国际部分垂直一体化制造商利润（万元）
0.20	0	117.478
0.22	10	117.290
0.24	20	117.102
0.26	30	116.913
0.28	40	116.725
0.30	50	116.536

（3）零件 1 的生产提前期对不同垂直化的影响。零件 1 的生产提前期从 3.0 开始，每次递增 10%，最后到达 4.5。从表 5-3 可以看到，国际部分垂直一体化下的制造商利润从 117.478 万元减少到了 106.033 万元。

表 5-3　L 对应的最优结果

L	LΔ%	国际部分垂直一体化 制造商利润（万元）
3.0	0	117.478
3.3	10	111.679
3.6	20	109.683
3.9	30	107.396
4.2	40	107.883
4.5	50	106.033

（4）销售价格对不同垂直化的影响。销售价格从 100 元开始，每次递增 10%，最后到达 150。从表 5-4 可以看到，国际部分垂直一体化下的制造商利润从 117.478 万元增加到了 138.950 万元，完全垂直一体化下的制造商利润从 118.228 万元增加到了 140.205 万元，国内部分垂直一体化下的制造商利润从 116.222 万元增加到了 137.484 万元。销售价格对于完全垂直一体化下的制造商利润最为敏感，对国际部分垂直一体化下的制造商利润比较敏感，对国内部分垂直一体化下的制造商利润轻微敏感。

表5-4　p对应的最优结果

p	pΔ%	完全垂直一体化下的制造商利润（万元）	国内部分垂直一体化下的制造商利润（万元）	国际部分垂直一体化下的制造商利润（万元）
100	0	118.228	116.222	117.478
110	10	122.623	120.475	121.773
120	20	127.019	124.727	126.067
130	30	131.414	128.979	130.361
140	40	135.810	133.231	134.656
150	50	140.205	137.484	138.950

　　为了进一步比较不同参数对模型的影响，我们在表5-1～表5-4的基础上得到了关于敏感性分析的图5-5和图5-6。综上，我们得出以下结论：国际部分垂直一体化下制造商利润对于产品价格非常敏感，对于零件1的生产提前期敏感，对于汇率和关税轻微敏感。制造商利润会随着零件1的生产提前期、汇率和关税的增加而单调递减，同时随着价格的增加而单调递增。

　　此外，价格对于完全垂直一体化下制造商利润非常敏感，而对于国际部分垂直一体化下制造商利润敏感，对于国内部分垂直一体化下制造商利润不敏感。

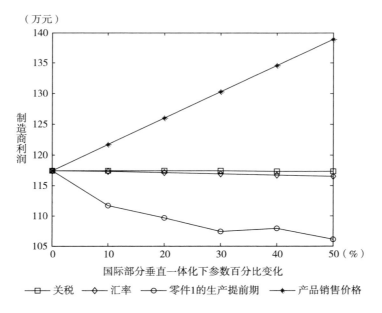

图 5-5 国际部分垂直下制造商利润的敏感性分析

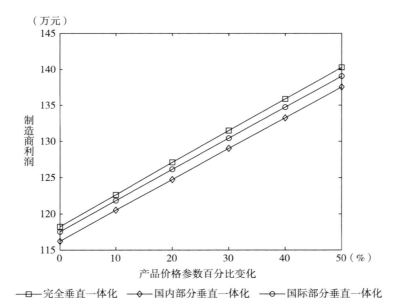

图 5-6 价格对三种垂直一体化的敏感性分析

5.5 本章小结

近年来，随着国际竞争环境不确定性的加剧，中国内销型制造企业纷纷采用垂直化战略。本章通过系统动力学仿真的方法，比较了三种常见的垂直化模式。研究表明，国际部分垂直一体化下制造商利润对产品价格非常敏感，对于零件1的生产提前期敏感，对于汇率和关税轻微敏感。制造商利润会随着零件1的生产提前期、汇率和关税的增加而单调递减，同时随着价格的增加而单调递增。此外，价格对于完全垂直一体化下制造商利润非常敏感，而对于国际部分垂直一体化下制造商利润敏感，对于国内垂直一体化下制造商利润轻微敏感。研究启示是当内销型制造企业采取完全垂直一体化或国际部分垂直一体化战略时，应该特别注意价格的波动对制造企业利润的影响。

6 多因素影响下内销型制造企业垂直一体化生产决策研究

6.1 引言

近年来，受国际竞争环境和成本的影响，制造企业采取各种垂直一体化战略。例如，欧菲光利用自身产业链进行垂直一体化布局和多技术路线覆盖，提高了其在智能手机市场中的份额。垂直一体化往往有三种不同的模式，第一种是全部垂直一体化战略，制造厂商将多种零件组装成产品；第二种是国内部分垂直一体化战略，其中部分零件由区域内其他供应商提供，自己生产另外部分零件，最后组装成产品；第三种是国际部分垂直一体化战略，其中部分零件从国外供应商处采购，自己生产另外部分零件，最终组装成产品。关税对各国制造业造成了巨大影响。比如，美国 2020 年 7 月 10 日宣布，对从法国进口的价值 13 亿美元的商品加征 25% 的关税，起征时间为 2021 年 1 月 6 日。对于美方此举，法国和欧盟均给予强硬回应。显然，关税已经成为国际部分垂直一体化决策的重要因素之一。此外，过去 10 年间，我国大中型企业劳动力成本增长超过 80%，劳动力成本的差异也是影响制造企业垂直一体化决策的因素之一。因此，关税与劳动用工因素将作为垂直一体化研究的关键因素。

本书的贡献在于通过细分生产成本中的用工成本，考察多种不同垂直一体化战略下生产商的决策问题，比较了全部垂直一体化、区域垂直一体化和全球垂直一体化下生产商利润和最优生产批量，得出了不同垂直一体化情况下影响生产商决策的重要参数，为垂直一体化企业的决策提供了重要的参考意见。

6.2　问题的描述与模型

研究的对象为一家垂直一体化生产商，其生产产品需要零件 1 和零件 2，且 1 单位产品需要 1 单位零件 1 和 1 单位零件 2。有三种不同的垂直一体化水平：第一种情况为全部垂直一体化，如图 6-1（a）所示，垂直一体化生产商 M 自主采购并加工零件 1 和零件 2；第二种情况为国内部分垂直一体化如图 6-1（b）所示，垂直一体化生产商自主采购并加工零件 1，零件 2 从国内供应商处采购并完成产品的生产制造；第三种情况为国际部分垂直一体化，如图 6-1（c）所示，垂直一体化生产商自主采购并加工零件 1，零件 2 从国外供应商处采购并完成产品的生产制造，其中，海外市场的进口关税为 t。垂直一体化生产商生产的产品全部面向国内市场进行销售。

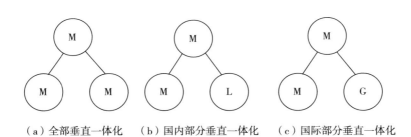

（a）全部垂直一体化　（b）国内部分垂直一体化　（c）国际部分垂直一体化

图 6-1　模型的结构

假设产品的市场需求 x 是随机的，服从分布 F（●），生产 1 单位产品需要 1 单位零件 1 和 1 单位零件 2。生产成本由劳动力成本与其他成本组成，且其他成本与产品的价格成正比，系数为 k。产品的价格为 p，生产 1 单位产品需要 a 单位的劳动力，生产 1 单位的零件 1 需要 b 单位的劳动力，生产 1 单位的零件 2 需要 c 单位的劳动力，生产商的单位劳动力成本为 w_1，零件 1 的单位生产成本为 bw_1+kp，零件 2 由生产商生产的单位生产成本为 cw_1+kp，零件 2 由国内供应商生产的单位采购成本与单位生产价格成正比，系数为 j，即 $j(cw_1+kp)$，而由国外供应商供应的单位采购成本为 c_{23}，关税的税率为 t，零件 1 和零件 2 的单位库存成本分别是 h_1 和 h_2，产品的单位库存为 h_0。

（1）在全部垂直一体化模型下，零件 1 和零件 2 均由生产商生产，生产批量为 Q，生产成本为 $(aw_1+bw_1+3kp+cw_1)Q$，零件库存成本为 $(h_1+h_2)Q$，产品的库存为 h_0Q，生产商的利润 (π_1) 为 $\min(Q,x) \times p - ((a+b+c)w_1+3kp+h_0+h_1+h_2)Q$。

（2）在国内部分垂直一体化模型下，零件 1 由生产商生产，而零件 2 从国内供应商处采购，生产成本为 $(aw_1+2kp+bw_1)Q$，采购成本为 $j(cw_1+kp)Q$，零件库存成本为 $(h_1+h_2)Q$，产品的库存为 h_0Q，生产商的利润 (π_2) 为 $\min(Q,x) \times P - ((a+b+jc)w_1+(2+j)kp+h_0+h_1+h_2)Q$。

（3）在国际部分垂直一体化模型下，零件 1 由生产商生产，而零件 2 从海外供应商处采购，生产成本为 $(aw_1+2kp+bw_1)Q$，采购成本为 $(1+t)Qc_{23}$，零件库存成本为 $(h_1+h_2)Q$，产品的库存为 h_0Q，生产商的利润

（π_3）为 min（Q，x）×P−（（a+b）w_1+2kp+（1+t）c_{23}+h_0+h_1+h_2）Q。

6.3 模型的求解

为了比较三种不同模型的最优解，下面对三种模型分别进行求解。

（1）在全部垂直一体化模型下，生产商的利润（π_1）= min（Q，x）×p−（（a+b+c）w_1+3kp+h_0+h_1+h_2）Q，最优生产批量为 $Q_1^* = F^{-1}\left(1-\dfrac{(a+b+c)\ w_1+3kp+h_0+h_1+h_2}{p}\right)$。

证明：

$$E\pi_1 = p \times \left[\int_0^Q xf(x)\,dx + Q\int_Q^{+\infty} f(x)\,dx \right] - ((a+b+c)$$

$$w_1 + 3kp + h_0 + h_1 + h_2)Q$$

$$= p \times \left[QF(Q) - \int_0^Q F(x)\,dx + Q - Q\int_0^Q f(x)\,dx \right] -$$

$$((a+b+c)w_1 + 3kp + h_0 + h_1 + h_2)Q$$

$$= p \times \left[Q - \int_0^Q F(x)\,dx \right] - ((a+b+c)w_1 +$$

$$3kp - (h_0 + h_1 + h_2))Q$$

两边同时对 Q 求导，可得：

$$F\left(Q^*\right) = 1 - \frac{(a+b+c)\,w_1 + 3kp + h_0 + h_1 + h_2}{p},$$

因此，$Q^* = F^{-1}\left(1 - \dfrac{(a+b+c)\,w_1 + 3kp + h_0 + h_1 + h_2}{p}\right)$。

将 Q^* 代入公式中，可获得在全部垂直一体化下生产商的最优利润。

（2）在国内部分垂直一体化模型下，生产商的利润为

$\pi_2 = \min(Q, x) \times P - ((a+b+jc)w_1 + (2+j)kp + h_0 + h_1 + h_2)Q$，最优生产批量为 $Q_2^* = F^{-1}\left(1 - \dfrac{(a+b+jc)w_1 + (2+j)kp + h_0 + h_1 + h_2}{p}\right)$。

证明：与（1）的证明类似，此处省略。

（3）在国际部分垂直一体化模型下，生产商的利润为

$\pi_3 = \min(Q, x) \times P - ((a+b)w_1 + 2kp + (1+t)cw_2 + h_0 + h_1 + h_2)Q$，最优生产批量为 $Q_3^* = F^{-1}\left(1 - \dfrac{(a+b)w_1 + 2kp + (1+t)c_{23} + h_0 + h_1 + h_2}{p}\right)$。

证明：与（1）的证明类似，此处省略。

我们得到下面性质：

定理 1：当 $j<1$ 时，国内部分垂直一体化下的最优生产批量比全部垂直一体化下的最优生产批量大。

证明：由于 $F^{-1}(\bullet)$ 为单调不减函数，通过比较两种不同垂直一体化模型下的值，我们发现，$j<1$，$Q_2^* > Q_1^*$，证毕。

定理2：当满足 j<1 且 $p > \dfrac{(1+t)\,c_{23} - jcw_1}{jk}$ 时，全部垂直一体化下的最优生产批量为三种模式下的最小值，而国际部分垂直一体化下的最优生产批量为三种垂直一体化下的最大值。

证明：同理，由于 $F^{-1}(\bullet)$ 为单调不减函数，通过比较三种不同垂直一体化模型下的值，我们发现，当 $p > \dfrac{(1+t)\,c_{23} - jcw_1}{jk}$ 时，$Q_3^* > Q_2^*$；而当 j<1 时，$Q_2^* > Q_1^*$ 时，因此，Q_1^* 和 Q_3^* 分别为三种模型下的最小生产批量与最大生产批量。证毕。

定理3：当满足 j>1 且 $p < \dfrac{(1+t)\,c_{23} - jcw_1}{jk}$ 时，全部垂直一体化下的最优生产批量为三种模型下的最大值，而国际部分垂直一体化下的最优生产批量为三种垂直一体化下的最小值。

证明：同理，由于 $F^{-1}(\bullet)$ 为单调不减函数，通过比较三种不同垂直一体化模型下的值，我们发现，当 $p < \dfrac{(1+t)\,c_{23} - jcw_1}{jk}$ 时，$Q_3^* < Q_2^*$；而当 j>1 时，$Q_2^* < Q_1^*$。因此，Q_3^* 和 Q_1^* 为三种模型下的最大生产批量与最小生产批量。证毕。

6.4　数值分析

6.4.1　算例分析

为了检验上述模型，算例分析将使用下列参数。

$$F(x) = \begin{cases} 0, & x \in (-\infty, \beta) \\ \dfrac{x-\beta}{\gamma-\beta}, & x \in [\beta, \gamma), \ \beta = 100, \ \gamma = 700, \\ k = 0.005, \ a = 3, \ b = 2, \ c = 1, \ w_1 = 25, \\ w_2 = 30, \ t = 0.2, \ c_{23} = 100, \ p = 550, \\ j = 0.5 \\ 1, & x \in [\gamma, +\infty) \end{cases}$$

在全部垂直一体化模型下，生产商的利润（π_1）= 234036 元，最优生产批量（Q_1^*）= 598；在国内部分垂直一体化模型下，生产商的利润（π_2）= 115571 元，最优生产批量（Q_2^*）= 285；在国际部分垂直一体化模型下，生产商的利润（π_3）= 125697 元，最优生产批量（Q_3^*）= 420。从结果可知，当 $j<1$ 时，全部垂直一体化下的最优生产批量比国内部分垂直一体化的最优生产批量要大，验证了定理 1 的正确性。

另外，通过三种不同垂直一体化下利润的比较，在这种给定的情形下，实验结果表明：采取全部垂直一体化的生产商的利润最大。因此，建议该算例下国内生产商采取国内部分垂直一体化战略。

6.4.2　敏感性分析

选择变量 t、c_{23}、j、w_1、a、b 进行敏感性分析。

（1）关税对国际部分垂直一体化的影响。税率从 0.20 开始，每次递增 10%，最后到达 0.30。从表 6-1 可以看到，国际部分垂直一体化下的生产商利润从 125697 元减少到了 125173 元，而最优生产批量从 420 个增加到了 433 个。

表 6-1　t 对应的最优结果

t	$t\Delta\%$	国际部分垂直一体化 生产商利润（元）	最优生产批量（个）
0.20	0	125697	420
0.22	10	125612	422
0.24	20	125518	425
0.26	30	125413	427
0.28	40	125298	430
0.30	50	125173	433

（2）国际采购成本对国际部分垂直一体化的影响。国际采购成本从 100 开始，每次递增 10%。最后到达

150，从表 6-2 可以看到，国际部分垂直一体化下的生产商利润从 125697 元减少到了 118735 元，而最优生产批量从 420 个增加到了 496 个。

表 6-2　c_{23} 对应的最优结果

c_{23}	$c_{23}\Delta\%$	国际部分垂直一体化 生产商利润（元）	最优生产批量（个）
100	0	125697	420
110	10	125037	436
120	20	124012	450
130	30	122619	466
140	40	120861	481
150	50	118735	496

（3）采购成本系数对国内部分垂直一体化的影响。采购成本系数从 0.50 开始，每次递增 10%，最后到达 0.75。从表 6-3 可以看到，国内部分垂直一体化下的生产商利润从 115571 元增加到了 117108 元，而最优生产批量从 285 个增加到了 294 个。

表 6-3　j 对应的最优结果

j	$j\Delta\%$	国内部分垂直一体化 生产商利润（元）	最优生产批量（个）
0.50	0	115571	285
0.55	10	115888	287
0.60	20	116201	288

续表

j	jΔ%	国内部分垂直一体化 生产商利润（元）	最优生产批量（个）
0.65	30	116508	290
0.70	40	116811	292
0.75	50	117108	294

（4）生产商单位劳动力成本对不同垂直一体化的影响。生产商的单位劳动力成本从 25.0 开始，每次递增 10%，最后到达 37.5。从表 6-4 可以看到，全部垂直一体化下的生产商利润从 234036 元减少到了 158983 元，而最优生产批量从 598 个减少到了 502 个。国内部分垂直一体化下的生产商利润从 115571 元增加到了 125401 元，而最优生产批量从 285 个增加到了 372 个。国际部分垂直一体化下的生产商利润从 125697 元减少到了 118247 元，而最优生产批量从 420 个增加到了 499 个。

表 6-4　w_1 对应的最优结果

w_1	w_1Δ%	全部垂直一体化		国内部分垂直一体化		国际部分垂直一体化	
		生产商 利润（元）	最优生产 批量（个）	生产商 利润（元）	最优生产 批量（个）	生产商 利润（元）	最优生产 批量（个）
25.0	0	234036	598	115571	285	125697	420
27.5	10	217880	578	118499	302	125002	436
30.0	20	202296	559	120946	320	123910	452
32.5	30	187286	540	122912	337	122420	468
35.0	40	172848	512	124397	355	120532	483
37.5	50	158983	502	125401	372	118247	499

（5）生产产品需要的单位劳动力数量对不同垂直一体化的影响。生产产品需要的单位劳动力数量从 3.0 开始，每次递增 10%，最后到达 4.5。从表 6-5 可以看到，全部垂直一体化下的生产商利润从 234036 元减少到了 194720 元，而最优生产批量从 598 个减少到了 550 个。国内部分垂直一体化下的生产商利润从 115571 元增加到了 122424 元，而最优生产批量从 285 个增加到了 332 个。国际部分垂直一体化下的生产商利润从 125697 元减少到了 122420 元，而最优生产批量从 420 个增加到了 468 个。

表 6-5　a 对应的最优结果

a	aΔ%	全部垂直一体化		国内部分垂直一体化		国际部分垂直一体化	
		生产商利润（元）	最优生产批量（个）	生产商利润（元）	最优生产批量（个）	生产商利润（元）	最优生产批量（个）
3.0	0	234036	598	115571	285	125697	420
3.3	10	225886	588	117228	294	125328	429
3.6	20	217880	578	118742	304	124815	439
3.9	30	210017	569	120112	313	124160	448
4.2	40	202296	559	121340	323	123361	458
4.5	50	194720	550	122424	332	122420	468

（6）生产零件 1 所需要的单位劳动力数量对不同垂直一体化的影响。生产零件 1 所需要的单位劳动力数量从 2.0 开始，每次递增 10%，最后到达 3.0。从表 6-6 可以看到，全部垂直一体化下的生产商利润从 234036 元减少到了 207427 元，而最优生产批量从 598 个减少到

了 566 个。国内部分垂直一体化下的生产商利润从 115571 元增加到了 120537 元，而最优生产批量从 285 个增加到了 317 个。国际部分垂直一体化下的生产商利润从 125697 元减少到了 123910 元，而最优生产批量从 420 个增加到了 452 个。

表 6-6　b 对应的最优结果

b	bΔ%	全部垂直一体化		国内部分垂直一体化		国际部分垂直一体化	
		生产商利润（元）	最优生产批量（个）	生产商利润（元）	最优生产批量（个）	生产商利润（元）	最优生产批量（个）
2.0	0	234036	598	115571	285	125697	420
2.2	10	228587	591	116691	291	125466	426
2.4	20	223202	585	117748	297	125173	433
2.6	30	217880	578	118742	304	124815	439
2.8	40	212633	572	119671	310	124394	445
3.0	50	207427	566	120537	317	123910	452

为了进一步比较不同参数对模型的影响，我们在表 6-1～表 6-6 的基础上得到了关于敏感性分析的图 6-2～图 6-7。综上，我们得出以下结论：国际部分垂直一体化下生产商利润和最优生产批量对于国际采购成本和生产商单位劳动力成本非常敏感，对于零件 1 需要的劳动力成本和产品需要的劳动力成本敏感，对于关税轻微敏感。生产商利润会随着这些参数的增加而单调递减，最优生产批量随着这些参数的增加而单调递增。

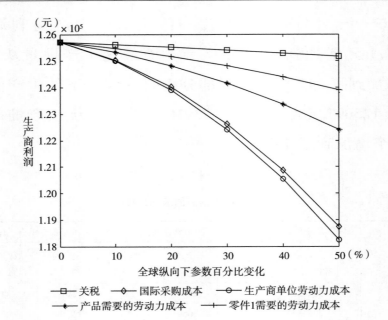

图 6-2　全球部分垂直一体化下生产商利润的敏感性分析

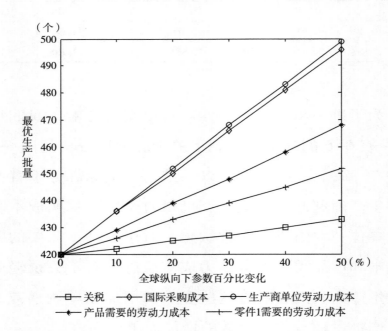

图 6-3　全球部分垂直一体化下最优生产批量的敏感性分析

区域垂直一体化下生产商利润和最优生产批量对于国际采购成本非常敏感，对于生产商单位劳动力成本和产品需要的劳动力成本敏感，对于关税轻微敏感。总体而言，生产商利润和最优生产批量随着这些参数的增加而增加。

完全垂直一体化下生产商利润和最优生产批量对于生产商单位劳动力成本非常敏感，对于零件 1 需要的劳动力成本和产品需要的劳动力成本敏感。总体而言，生产商利润和最优生产批量随着这些参数的增加而递减。

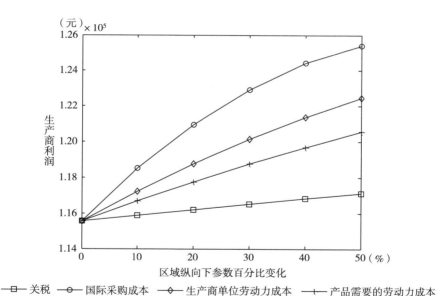

图 6-4　国内部分垂直一体化下生产商利润的敏感性分析

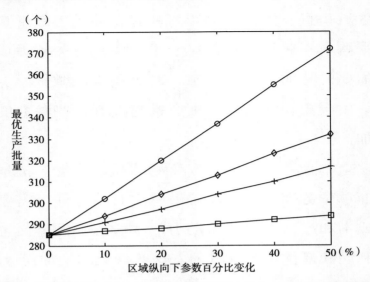

图 6-5　国内部分垂直一体化下最优生产批量的敏感性分析

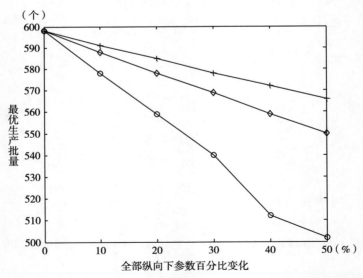

图 6-6　全部垂直一体化下生产商利润的敏感性分析

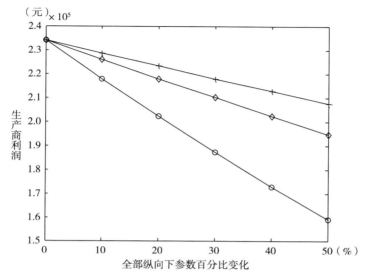

图 6-7 全部垂直一体化下最优生产批量的敏感性分析

6.5 本章小结

本章针对内销型企业垂直一体化战略选择问题进行了研究，从垂直一体化的三种不同类型出发，分析了生产商的最优生产批量和期望利润，明确了生产商在何种条件下采取垂直一体化策略。通过在生产成本中细化劳动力成本的方法，研究了劳动力成本对垂直一体化的影响，此外还考虑关税等因素对垂直一体化生产决策的影响。研究发现，全部垂直一体化下生产商利润和最优生产批量对于生产商单位劳动力成本非常敏感，区域垂直一体化下生产商利润和最优生产批量对于国际采购成本非常敏感，而国际部分垂直一体化下生产商利润和最优生产批量对于国际采购成本和生产商单位劳动力成本非常敏感。因此，企业在实施垂直一体化战略时应重点关注这些因素对企业利润的影响。

7 考虑供应中断、关税和汇率等 多风险因素的全球生产仿真研究

7.1 引言

经济全球化促进了制造业全球化。自 20 世纪 90 年代以来,全球化步伐加快,世界知名企业都通过全球化生产体系和全球化合作生产网络实现了快速发展。近 20 年,特别是在"一带一路"倡议下,我国企业的全球化进程明显加快。离岸外包全球化生产可以降低生产成本,拓展海外市场,打破贸易壁垒,降低商业风险,但也面临着诸多挑战,如供应中断、关税、汇率和市场风险等。比如,2019 年底突如其来的新冠肺炎疫情严重冲击了离岸外包全球生产网体系,因此,中断风险下离岸外包全球生产网的决策受到越来越多的关注。

学术界已有大量关于离岸外包全球生产网的文献。曾铮（2009）研究了离岸外包对世界经济的影响。Kim等（2018）探讨了离岸外包全球供应链中公平交易规则对转移定价的影响。黎继子等（2017）考虑了转移定价模式下的全球供应链决策问题。葛健（2005）构建了模糊需求与随机生产能力下的离岸外包全球生产计划模型，并利用遗传算法对方案进行了求解。还有不少学者研究了中断、关税、汇率对全球生产网的影响。Dong等（2020）研究了关税对全球生产网的影响。于辉等（2017）研究了汇率波动环境下跨国供应链中一个居于主导地位的批发商在国内采购商品销售到国外时所面临的运营决策问题。刘会民等（2016）研究了汇率波动环境下装配式全球供应链系统中制造商的一个强势供应商在国外的情形。基于中断管理的基本思想，还有学者比较了供应链应对汇率波动的三种主要策略。Esmaeili-Najafabadi等（2021）研究了中断风险对全球生产网的影响。Lewis等（2013）针对港口所带来的中断风险对全球供应链的影响进行了研究，同时提出了一种定期检查库存的控制方法以实现平均成本最小化。陈崇萍和陈志祥（2019）研究了在需求与供应不确定的条件下，一个制造商向两个存在产出随机和供应中断可能性的供应商采购零部件时的最优决策问题。Ivanov（2019）采用真实案例模拟分析了中断对分销网络设计的影响，研究发现，中断驱动的变化可能导致订单延迟。

供应链中诸如市场需求、供应和生产等因素都具有不确定性，这些研究方法不能很好地体现这种动态变化的反馈过程，而系统动力学能够解决这一问题。李卓群等（2021）考虑了风险规避行为下的生鲜供应链系统动态策略问题。Huang 等采用了系统动力学方法研究了两种不同供应中断对零售商利润的影响，其中一种情况是有备用供应商，另一种情况是没有备用供应商。Olivares-Aguila 等采用动力学仿真方法分析了中断对于供应链的服务水平、成本、利润和库存水平的影响。Mehrjoo 和 Pasek（2016）建立了三层供应链的系统动力学仿真模型，采用 CVaR 方法研究了时尚服装行业中风险测量问题。研究发现，提前期和交付延迟对供应链绩效的影响（库存、成本、积压和风险）是影响客户需求的关键因素。

综上所述，全球生产网的研究已经引起学术界的广泛关注，但从以往的研究可以看出，利用系统动力学研究全球生产网中的风险问题的研究还不多见。系统动力学从系统的微观结构出发建立系统的结构模型，用因果关系图和流图描述系统要素之间的逻辑关系，用仿真软件来模拟分析，在动态模拟显示系统行为特征方面具有独特的优势（王翠霞，2020），因此，本章采用系统动力学方法，建立系统动力学模型，分析中断风险对全球生产网的影响，为从事离岸外包全球生产战略的企业提供理论依据。

本章的创新点在于研究了离岸外包全球生产网中断风险问题，通过构建系统动力学仿真模型，研究了中断、关税和汇率等因素对于离岸外包全球生产网的影响，提出了考虑中断风险的离岸外包全球生产网动态惩罚机制，并对动态惩罚机制实施的效果进行比较，证明了该机制下的 OEM 利润高于静态机制下的 OEM 利润。

7.2 全球生产网的模型构建

如图 7-1 所示，假设产品由位于 D 国的 OEM 生产，并最终销往 E 国，每个产品由三种不同零件组装得到，它们分别由 A、B 和 C 三国的 CM 供应，假设产品与三种零件的比例为 1:1:1:1，单位产品需要 0.1 单位的劳动力。每个合同制造商的供应类型是不同的，假设 CM_1 的供应延迟最大，其次是 CM_2 的供应延迟，而 CM_3 的供应延迟最小。同时，单位零件 1 的采购价格最低，其次是零件 2，零件 3 的采购价格最高。未出售的剩余产品具有一定的残值。令 CM_i 订货量＝MAX（OEM 产品订货量－CM_i 库存，0），在这种订货方法下，当其中一种零件出供应中断时，OEM 对另外两种零件的订货量也随之下降，避免出现零件堆积冗余的现象，符合现实性和经济性。设立 OEM 产品安全库存，初始安全库存系数为 0.5。

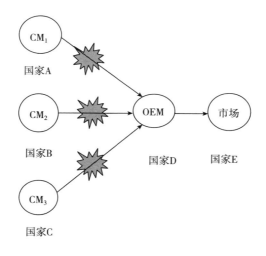

图 7-1 全球生产网结构

在本模型中，共有 6 个子系统，分别为 CM_1 子系统、CM_2 子系统、CM_3 子系统、产品子系统、市场需求子系统和利润子系统。

7.2.1 CM_i 子系统

CM_1、CM_2 和 CM_3 3 个子系统的结构和变量方程式基本一致，将 CM_i 库存量识别为状态变量，流入速率变量

为 CM_i 供应量，流出速率变量为 CM_i 消耗量，即 CM_i 库存=INTEG（CM_i 供应量−CM_i 消耗量，0），$i=1$，2，3。

CM_i 供应量由 CM_i 供应中断模式和 CM_i 订货量共同决定，CM_i 供应中断模式使用一个脉冲函数来实现：

CM_i 中断模式 = 1−PULSE（CM_i 中断时间点，CM_i 中断调整时间），$i=1$，2，3。

同时，CM_i 具有一定的供货提前期，即供应延迟，本书使用延迟函数将 CM_i 供应量定义为：

CM_i 供应量 = DELAY3I（CM_i 订货量×CM_i 中断模式，CM_i 供应延迟，0），$i=1$，2，3。

CM_i 消耗量等于产品子系统中进入组装制造流程的产品制造量，由于假设生产 1 单位产品需要消耗 1 单位 CM_1、1 单位 CM_2 和 1 单位 CM_3，因此，CM_1 消耗量 = CM_2 消耗量=CM_3 消耗量。

CM_i 库存中断调整时间 = 受不确定因素影响的 CM_i 库存市场平均中断调整时间×订货量对 CM_i 中断调整时间的作用因子×CM_i 单位采购价格对 CM_i 中断调整时间的作用因子，$i=1$，2，3。

7.2.2 产品子系统

同样地，识别 OEM 的产品库存为状态变量，其流入速率变量为产品制造量，流出速率为销售量，即 OEM 产品库存=INTEG（产品制造量−销售量，10000）。

产品制造量由 CM_i 3 个子系统中的 CM_i 库存共同决定，并且生产产品需要一定的时间，因此使用延迟函数定义：

产品制造量 = DELAY1（MIN（CM_1 库存，CM_2 库存，CM_3 库存），生产制造延迟）；

销售量由市场需求和现有的产品库存共同决定，当 OEM 产品库存<市场需求时，即为出现缺货；

销售量 = MIN（产品市场需求量，OEM 产品库存）；

产品市场需求量平滑 = SMOOTH（产品市场需求量，产品市场需求量平滑时间）；

CM_i 库存 = INTEG（CM_i 供应量 − CM_i 消耗量，0），i = 1，2，3；

CM_i 库存成本 = CM_i 库存×单位 CM_i 库存成本；

OEM 安全库存 = 产品市场需求量平滑×OEM 安全库存系数×OEM 库存调节时间；

OEM 产品订货量 = 产品市场需求量平滑 + OEM 库存调节率；

OEM 库存差 = OEM 目标库存 − OEM 产品库存；

OEM 库存调节率 = OEM 库存差/OEM 库存调节时间；

OEM 目标库存 = 产品市场需求量平滑×OEM 库存调节时间 + OEM 安全库存；

CM_i 消耗量 = 产品制造量。

7.2.3 市场需求子系统

缺货将导致消费者忠诚度降低，造成市场流失，当期未满足的需求不会转入下一期，因此，将市场需求识别为状态变量，它的初始值为服从正态分布的随机变量，拥有一个流出速率变量，即市场流失量。

产品市场需求量＝INTEG（－市场流失量，RANDOM NORMAL（2000，3500，2400，300，2500））。

市场流失量是不好刻画的，但是，实际生活中，当缺货量很小时，基本不会使需求发生改变，随着缺货数量的增加，需求会加快流失速度，因此流失的需求应该是关于缺货量的递增凹函数，因此，引入一个销售中断引起的市场流失作用因子，使用表函数来刻画这种递增凹函数的变化趋势。

市场流失量＝产品市场需求量×销售中断引起的市场流失作用因子；

销售中断引起的市场流失作用因子＝WITH LOOKUP（销售中断水平，（［（0，0）－（10000，1）］，（0，0），（1000，0.01），（2000，0.04），（3000，0.06），（4000，0.09），（5000，0.12），（6000，0.19），（7000，0.26），（8000，0.35），（9000，0.4），（10000，0.5）））；

销售中断损失＝产品市场单价×销售中断损失系数×销售中断水平；

销售中断水平＝MAX（0，产品市场需求量－销售量）；

受不确定因素影响的 CM_i 市场平均中断调整时间＝4；

订货量对 CM_i 中断调整时间的作用因子＝WITH LOOKUP（CM_i 订货量，（〔（0，0）－（10000，1）〕，（0，1），（1000，0.99），（2000，0.94），（3000，0.91），（4000，0.88），（5000，0.84），（6000，0.82），（7000，0.78），（8000，0.73），（9000，0.70），（10000，0.67）））；

CM_i 单位采购价格对 CM_i 中断调整时间的作用因子＝WITH LOOKUP（CM_i 单位采购价格，（〔（0，0）－（1000，1）〕，（0，1），（150，0.98），（300，0.96），（500，0.93），（600，0.89），（800，0.84），（1000，0.8）））。

7.2.4 利润子系统

在利润子系统中，收入和成本为状态变量，收入减去成本即为利润。在模型中，收入共有销售收入和残值收入两种，这两种收入由销售量和剩余产品决定，而成本分为 CM_i 采购成本、CM_i 库存成本、产品库存成本、生产制造成本和销售中断损失。利润子系统的收入和成本均为简单的外生变量，因此不再作过多赘述。

图 7-2 为考虑中断风险的全球生产网的存量流量图。模型的主要结构和系统的生产运作流程已在前文进行过介绍。系统仿真的主要外生变量、常量等式如下：

CM_i 单位采购价格 = 产品市场单价×i×0.1，i = 1，2，3；

OEM 利润 = OEM 总收入 − OEM 总成本；

剩余产品价值 = 剩余产品量×单位残值；

剩余产品量 = MAX（0，OEM 产品库存 − 销售量）；

OEM 总成本 = INTEG（成本增加量，0）；

OEM 总收入 = INTEG（收入增加量，0）；

成本增加量 = CM_1 采购成本 + CM_2 采购成本 + CM_3 采购成本 + 产品库存成本 + 销售中断损失 + CM_1 库存成本 + CM_2 库存成本 + CM_3 库存成本 + 产品制造成本；

收入增加量 = 剩余产品价值 + 销售收入；

销售收入 = 产品市场单价×销售量；

CM_i 采购成本 = CM_i 单位采购价格×CM_i 供应量；

产品制造成本 = 产品制造量×OEM 单位劳动力成本×0.03；

产品库存成本 = 单位产品库存成本×OEM 产品库存。

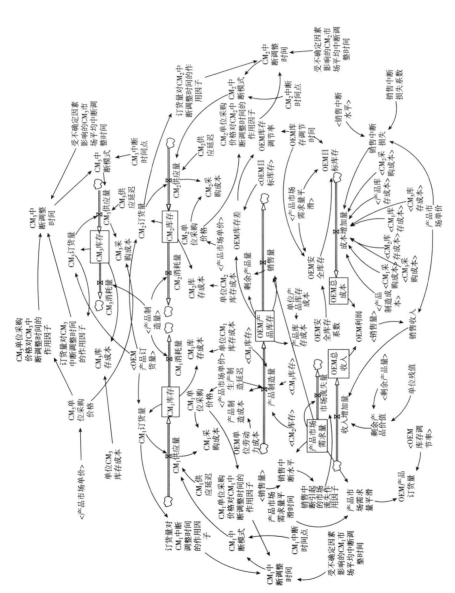

图 7-2 考虑中断风险的全球生产网的存量流量图

7.2.5 其他参数

产品市场需求量平滑时间＝4；

CM_i 中断时间点＝15；

OEM 单位劳动力成本＝2500；

单位 CM_i 库存成本＝15；

单位产品库存成本＝35；

单位残值＝0.05；

生产制造延迟＝2；

销售中断损失系数＝0.04；

OEM 库存调节时间＝6；

CM_i 供应延迟＝5−i，i＝1，2，3；

产品市场单价＝RANDOM UNIFORM（1000，1500，1200）。

7.3 模型检验

7.3.1 现实性检验

测验1：将 CM 的中断时间点设置为 20，受不确定因素影响的 CM 市场平均中断调整时间（以下称为中断调整时间）为 4，仿真结果如图 7-3 所示。在第 20 周出现供应中断，第 25 周左右出现了突然增长的销售中断，这是因为从供应中断到销售中断有一定的时间延迟。如图 7-4 所示，OEM 利润增长趋势也在第 25 周左右出现了明显的下降。

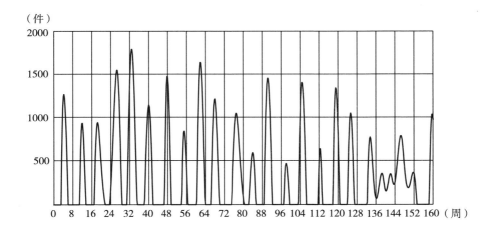

图 7-3 CM 中断点为 20 周时的销售中断水平

测验 2：将 CM 的中断时间点从 20 周变为 60 周，OEM 利润如图 7-4 所示。

当 CM_2 供应中断时间点变为 60 周时，原本在第 25 周出现的突然增长的销售中断也相应后移到第 65 周左右，而在 OEM 利润方面，由于前 20 周都没有出现中断，因此，前 20 周改变参数前后的利润一致，如图 7-4 所示。

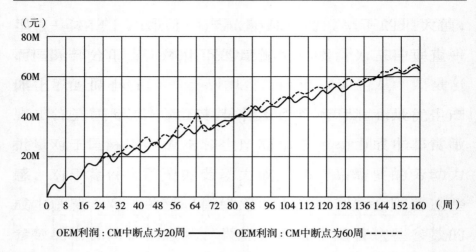

OEM利润：CM中断点为20周 ——————　OEM利润：CM中断点为60周 --------

图 7-4　CM 中断点为 20 周和 60 周时 OEM 利润

供应中断时间点变为 20 周时出现供应中断，OEM 利润曲线在 20 周后出现下降；当中断时间点变为 60 周时，OEM 利润曲线也出现下降，但整体利润水平仍然高于供应中断时间点为 20 周时的利润，这是因为尽管两种情况下的中断调整时间一致，但供应中断时间点为 20 周时先出现中断，导致其比中断时间点为 60 周时更早地流失市场，因此，OEM 利润水平较低。模型通过现实性检验。

7.3.2　极端性检验

以中断调整时间为 0、4 和 150 进行极端性检验。如图 7-5 所示，得到三种不同状态下的 OEM 利润对比情况。当中断调整时间变为 0 周时，无供应中断现象出现，只存在由于供应链信息延迟而导致的阶段性市场流失，且由于没有销售中断的出现，OEM 利润为三者中最高；当中断调整时间变为 150 周时，对于模型来说出现永久供应中断，市场表现为一直在流失市场，由于销售中断引起的市场流失作用因子为关于销售中断数量递增的凹函数，因此市场流失量下降的速度也在递减，显示为递减的凹函数。在 OEM 利润曲线方面，从 25 周后利润便停止增长，并以微弱的趋势一直递减，这是由于 25 周后销售完全中断，OEM 没有收入，只有持续增长的销售中段损失，模型通过极端性检验。

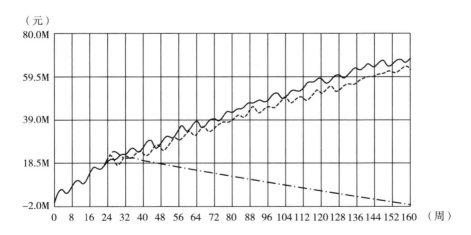

图 7-5　当中断调整时间为 0 周、4 周、150 周时 OEM 利润

7.4　模型仿真

7.4.1　3个CM同时发生供应中断

当3个CM同时发生供应中断时，基于仿真数据，得到以下管理启示：

（1）OEM利润随中断调整时间增加而下降，随产品安全库存系数的提高先递增后递减，存在一个最优的OEM安全库存系数。令中断调整时间分别取4周、12周、16周，得到OEM利润曲线变化，具体如图7-6所示，这一点符合现实情况，中断时间越长，所造成的销售中断水平和市场流失量越高，利润越低。令OEM安全库存系数分别取0.5、0.8、1.1、1.6、2，得到OEM利润曲线，具体如图7-7所示，当OEM安全库存系数<1.1时，OEM利润随安全库存系数的提高而上升；当OEM安全库存系数>1.1时，OEM利润开始逐步下降。这表明，OEM安全库存系数并不是越高越好，过高会带来较高的库存成本，要针对实际情况选择一个合适的库存水平。在本模型中，OEM最优安全库存系数为1.1。

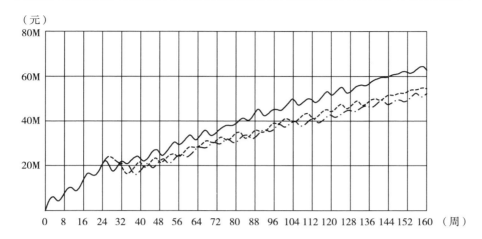

图 7-6　不同中断调整时间下的 OEM 利润

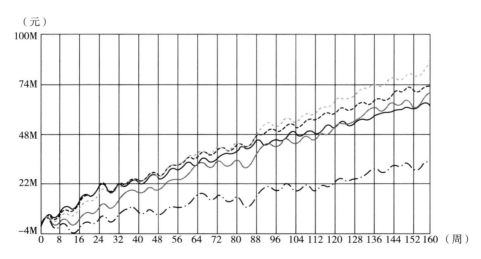

图 7-7　不同安全库存系数下的 OEM 利润

（2）OEM 最优安全库存系数和销售中断水平均随 CM 中断时间点的后移而降低。将 CM 中断时间点由 25 周变为 60 周时，OEM 最优安全库存系数变为了 1.1 和 0.9，通过比较这两条利润曲线，可知 OEM 最优安全库存系数为 0.9 的利润曲线超越了 OEM 最优安全库存系数为 1.1 的利润曲线，因此，随着中断点的后移，OEM 最优安全库存系数也下降了。由图 7-8 可见，CM 中断时间点越靠后，销售中断水平越低。供应链是个复杂的反馈系统，由于各种不确定性因素和信息延迟，离岸外包全球网中各成员需要一定的时间来磨合，磨合时间越长，离岸外包全球网越稳定，因此，供应中断出现的时间越靠后，对供应链的影响越小，对销售中断的影响也越小。

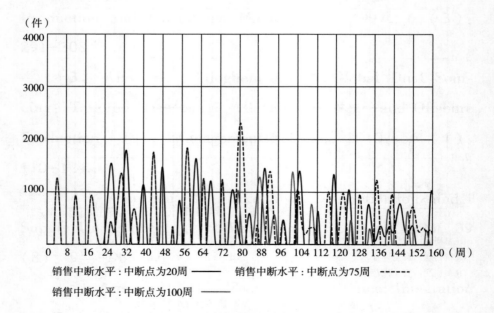

图 7-8　不同中断点下的销售中断水平

7.4.2 当两个 CM 同时发生供应中断

（1）两个供应延迟大的同时发生中断比两个供应延迟小的同时发生中断的销售中断水平要低，而 OEM 利润要更高。这是由于，CM_1 供应延迟 > CM_2 供应延迟 > CM_3 供应延迟，CM_3 供货周期短，供应中断对 OEM 的影响较大，因此 CM_1 和 CM_2 在第 15 周发生供应中断后，所造成的销售中断水平要低于 CM_2 和 CM_3 同时发生中断的情况，而 OEM 利润曲线则要高于 CM_2 和 CM_3 同时发生中断的情况，管理启示是 OEM 企业要特别注意供应周期较短的 CM，积极改善其发生供应中断的概率。

图 7-9 为两个 CM 同时发生中断时的销售中断水平变化情况，图 7-10 是两个 CM 同时发生中断时的 OEM 利润变化情况。

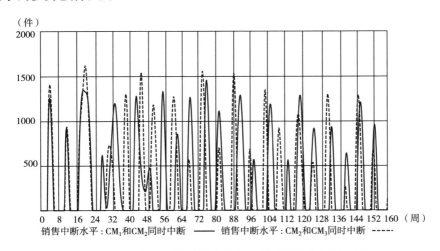

图 7-9　两个 CM 同时发生供应中断时的销售中断水平

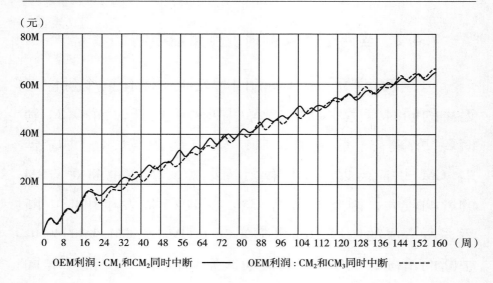

（元）

OEM利润：CM$_1$和CM$_2$同时中断 —————— OEM利润：CM$_2$和CM$_3$同时中断 ------

图 7-10 两个 CM 同时发生供应中断时的 OEM 利润

（2）当两个供应中断发生时，销售中断水平随产品生产制造延迟的增加而降低，OEM 利润随产品生产制造延迟的增加而上升。这表明，在实际情况中，对于周期短的快速消费品，受到供应中断时所带来的负面影响往往要大于周期较长的消费品，因此，制造周期较短的企业，在选择供应商时要充分做好市场调查，以选择供应中断概率低的供应商为主要考虑因素。

图 7-11 为两个 CM 同时发生供应中断时，不同生产延迟时的销售中断水平。图 7-12 是两个 CM 同时发生供应中断时，不同生产延迟的 OEM 利润变化情况。

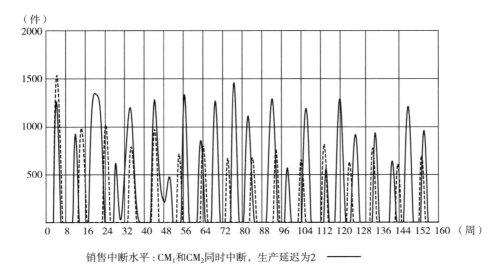

图 7-11 两个 CM 同时发生供应中断，不同生产延迟时的销售中断水平

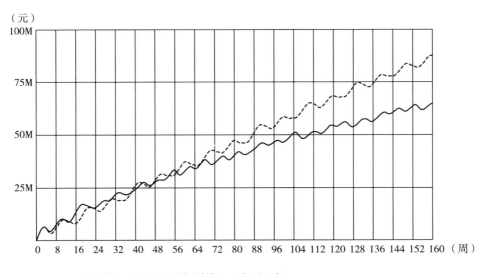

图 7-12 两个 CM 同时发生供应中断，不同生产延迟时的 OEM 利润

7.4.3　单个或两个和三个 CM 同时发生供应中断的对比

（1）在相同供应中断时间点和相同中断调整时间条件下，供应延迟大的 CM 带来的损失最小，供应延迟小的 CM 带来的损失最大。

当 3 个 CM 单个中断（即三个独立中断）时，OEM 利润的变化情况如图 7-13 所示。考虑以下 3 种情况：①CM_1 中断调整时间 = 4，CM_2 中断调整时间 = 0，CM_3 中断调整时间 = 0；②CM_1 中断调整时间 = 0，CM_2 中断调整时间 = 4，CM_3 中断调整时间 = 0；③CM_1 中断调整时间 = 0，CM_2 中断调整时间 = 0，CM_3 中断调整时间 = 4。以上的中断时间点均为 15 周。

这是由于，CM_1 的供应延迟 > CM_2 的供应延迟 > CM_3 的供应延迟，CM_3 供货周期短，当发生供应中断时对 OEM 的影响较大，因此两者分别在第 15 周发生供应中断后时，第一种情况所造成的销售中断水平最低，而第三种情况最高，第一种情况的 OEM 利润曲线最高，第三种情况的 OEM 利润曲线最低，这启示 OEM 企业要特别注意供应周期较短的 CM，采取改善手段降低其发生供应中断的概率。

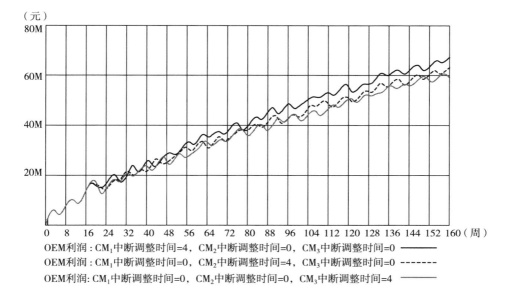

OEM利润：CM_1中断调整时间=4，CM_2中断调整时间=0，CM_3中断调整时间=0 ——————
OEM利润：CM_1中断调整时间=0，CM_2中断调整时间=4，CM_3中断调整时间=0 - - - - - - -
OEM利润：CM_1中断调整时间=0，CM_2中断调整时间=0，CM_3中断调整时间=4 ——————

图 7-13　三个 CM 单独发生中断时 OEM 利润

（2）单个 CM 分别供应中断所带来的销售中断水平最高，其次是两个 CM 同时中断，最低为三个 CM 同时中断。而 OEM 利润方面，三个 CM 同时中断最高，其次两个 CM 同时中断，最低为单个 CM 分别中断。这个结论如图 7-14 和图 7-15 所示。

考虑以下三种情况：①三个 CM 同时中断，即 CM_i 中断时间点=15，受中断调整时间=4；②两个 CM 同时中断，即 CM_1 和 CM_2 的中断时间点=15，CM_3 的中断时间点=50，受中断调整时间=4；③单个 CM 分别中断，即 CM_1 的中断时间点=15，CM_2 的中断时间点=30，CM_3 的中断时间点=50，受中断调整时间=4。

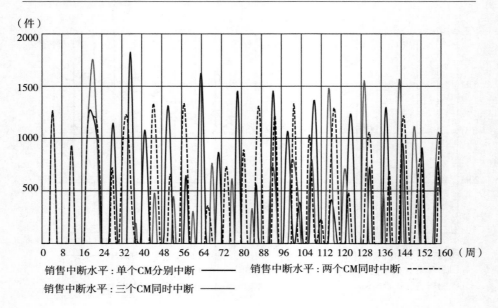

图 7-14 单个或两个、三个 CM 同时中断时销售中断水平

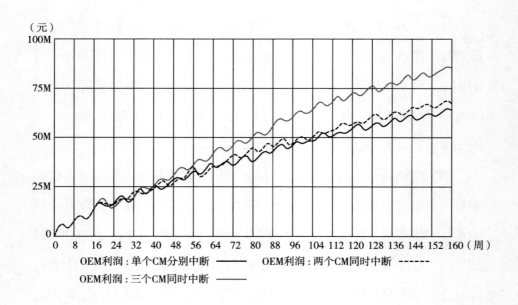

图 7-15 单个或两个、三个 CM 同时中断时 OEM 利润

7.5 动态惩罚机制下全球生产网中断风险

7.5.1 动态惩罚机制

如何应对供应中断问题，减少供应中断带来的损失？换言之，如何设计与合同制造商（CM）的合同使得供应中断发生时 OEM 的损失最小？国内外很多学者探讨了对供应商供应中断的激励或惩罚机制的设计问题，力求寻找一个最优的激励或惩罚量，现实生活中，企业也会在 CM 合同中加入供应中断的惩罚措施，但是，这些惩罚都是从缺货量角度进行设计的，基于以上的仿真分析，发现供应中断时间点也会对 OEM 利润产生很大的影响，因此，本书从时间的角度出发，提出了一种随时间推移的动态惩罚机制。

由于提前中断会引起市场需求提前流失，且前期供应链的稳定性较差，因此，供应中断发生的时间点越靠前，对 OEM 利润影响越大，另外，供应中断现象是由不确定性因素导致的，是不可控的，但是供应中断调整时间是可控的，合同制造商面对不同时间点的供应中断，可以在供应中断时间靠前的情况下采取较高惩罚，在供应中断时间靠后的情况下采取较低惩罚，即 CM 中断单位惩罚量在不同时间点的效用是不同的。但是，供应中断时间点是不好把握的，基于此，假设供应中断时间点在供应链合同期内服从均匀分布，引入动态惩罚机制，并证明了动态惩罚机制下的 OEM 期望收益要高于静态惩罚机制下的 OEM 期望收益。

假设一个离岸外包全球生产网由一个 OEM 和三个不同的 CM 组成。在合同期 l（l>0）内，合同制造商 CM_i 在时刻 t_i 发生中断，其中 t_i 服从均匀分布，且密度函数为 g（t_i），i = 1，2，3。令 U_i 表示合同制造商 CM_i 中断单位惩罚量在不同时间点的效用，其中 U_i（t_i）>0，U_i（0）= U_{i0}，U_i（l）= 0，$\frac{dU_i}{dt_i}$<0，U_{i0} 表示初始单位惩罚量效用，即 CM_i 第 0 周单位供应中断时惩罚量的效用。

动态惩罚机制：令 P_i 表示动态单位供应中断惩罚，其中 P_i（t_i）>0，P_i（0）= P_{i0}，P_i（l）= 0，$\frac{dP_i}{dt_i}$<0，P_{i0} 表示初始惩罚量，即 CM_i 第 0 周发生供应中断时的惩罚量，具体如图 7-16 所示。

定理：当合同期内三个 CM 发生中断时间点均服从均匀分布时，动态惩罚机制下 OEM 的期望利润大于静态机制下 OEM 的期望利润。

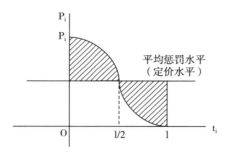

图 7-16　平均惩罚水平

证明：在静态惩罚机制下，由于无法预知供应中断发生时间点，只知道其在合同期内服从均匀分布，因此 OEM 将根据 t_i 的期望值 $1/2$ 进行惩罚水平的确定，此时的惩罚量水平记为 P_i^*，CM_i 将根据 P_i^* 确定定价水平。在动态惩罚机制下，OEM 同样无法预知供应中断发生时间点，因此动态惩罚机制有 $\int_0^i P_i(t_i) dt_i = aP_i\left(\dfrac{1}{2}\right)$，$P_i\left(\dfrac{1}{2}\right) = P_i^*$，$CM_i$ 将同样按照 P_i^* 确定定价水平，$P_i^* = P_i\left(\dfrac{1}{2}\right)$ 为平均惩罚水平，也为供应商 i 的定价水平。

令 P_{OEM}^D 表示动态惩罚机制下 OEM 的期望利润，P_{OEM}^S 表示静态惩罚机制下 OEM 的期望利润。

$$P_{OEM}^D - P_{OEM}^S = \sum_{i=1}^3 \left\{ \int_0^{\frac{i}{2}} \frac{1}{1} U_i(t_i) \left[P_i(t_i) - P_i\left(\frac{1}{2}\right) \right] dt_i \right.$$

$$\left. - \int_{\frac{1}{2}}^1 \frac{1}{1} U_i(t_i) \left[P_i\left(\frac{1}{2}\right) - P_i(t_i) \right] dt_i \right\}$$

根据第二积分中值定理，可得：

$$\int_0^{\frac{i}{2}} P_i(t_i)\,dt_i - \frac{1}{2}P_i\left(\frac{1}{2}\right) = \frac{1}{2}P_i\left(\frac{1}{2}\right) - \int_{\frac{1}{2}}^1 P_i(t_i)\,dt_i$$

$$\int_0^{\frac{i}{2}}\left[P_i(t_i) - P_i\left(\frac{1}{2}\right)\right]dt_i = \int_{\frac{1}{2}}^1\left[P_i\left(\frac{1}{2}\right) - P_i(t_i)\right]dt_i$$

由于 $U_i(t_i) > 0$，$\dfrac{dU_i}{dt_i} < 0$，可得：

$$\int_0^{\frac{i}{2}} U_i(t_i)\,dt_i > \int_{\frac{1}{2}}^1 U_i(t_i)\,dt_i > 0$$

综合可知，$P_{OEM}^D - P_{OEM}^S > 0$。得证动态惩罚机制下的 OEM 期望收益要高于静态惩罚机制下的 OEM 期望收益。

为了进一步验证定理的结论，假设 $P_i(t_i)$ 是一个线性函数，而 $U_i(t_i)$ 是一个二次函数，且 $l = 160$。通过计算五种不同的情况，得到了相应数值结果，如表 7-1 所示。由表 7-1 发现，动态惩罚机制下的 OEM 利润高于静态惩罚机制下的 OEM 利润，而且当 $P_i(t_i)$ 斜率越小时，两者的利润差越大。

表 7-1　动态惩罚机制与静态惩罚机制下的 OEM 利润对比

$P_1(t_1)$	$P_2(t_2)$	$P_3(t_3)$	$U_1(t_1)$	$U_2(t_2)$	$U_3(t_3)$	P_{OEM}^D	P_{OEM}^S	ΔP
$-t_1+100$	$-2t_2+200$	$-3t_3+300$	$-t_1^2+K_1$	$-2t_2^2+K_2$	$-3t_3^2+K_3$	9.98M	5.21M	4.77M
$-2t_1+200$	$-3t_2+300$	$-4t_3+400$	$-t_1^2+K_1$	$-2t_2^2+K_2$	$-3t_3^2+K_3$	14.61M	7.78M	6.82M
$-3t_1+300$	$-4t_2+400$	$-5t_3+500$	$-t_1^2+K_1$	$-2t_2^2+K_2$	$-3t_3^2+K_3$	19.23M	10.36M	8.87M
$-4t_1+400$	$-5t_2+500$	$-6t_3+600$	$-t_1^2+K_1$	$-2t_2^2+K_2$	$-3t_3^2+K_3$	23.86M	12.93M	10.92M
$-5t_1+500$	$-6t_2+600$	$-7t_3+700$	$-t_1^2+K_1$	$-2t_2^2+K_2$	$-3t_3^2+K_3$	28.48M	15.51M	12.97M

注：M 表示百万，$\Delta P = P_{OEM}^D - P_{OEM}^S$，$K_1 = 5\times10^4$，$K_2 = 6\times10^4$，$K_3 = 7\times10^4$。

7.5.2　动态惩罚机制下存量流量图及方程式

引入 CM_i 海外汇率影响系数，初始值暂设为 1，当 CM_i 海外汇率影响系数增大时，意味着 CM_i 海外汇率上升，CM_i 的采购价格变高，反之亦然。引入目标市场海外汇率影响系数，初始值暂设为 1，当目标市场海外汇率影响系数增大时，意味着目标市场海外汇率上升，产品市场价格变高，当目标市场海外汇率影响系数减小时，意味着目标市场海外汇率下降，产品市场价格变低。引入劳动力成本影响系数，初始值暂设为 1，当劳动力成本影响系数增大时，意味着劳动力价格上升，当劳动力成本影响系数减小时，意味着劳动力价格下降。考虑目标市场进口关税因素，假设关税由 OEM 承担，且征税方式为从价关税。由于三个 CM 的类型和发生供应中断时对 OEM 的影响程度不同，因此，本章采用差异化供应中断惩罚策略。在与三个 CM 签订合同时，引入供应中断惩罚机制，但由于加入惩罚会提高 CM 成本，因此，CM 将会提高自己原材料产品的报价，以弥补惩罚成本。同时，惩罚措施会影响 CM 中断模式，CM 的中断调整时间会随着惩罚量的增加而迅速变短，这是因为为了不承担高额的供应中断惩罚，CM 会积极恢复供应能力，寻找新的供应通道，但到达 CM 中断调整时间一定水平后，由于导致供应中断的外界因素是不可抗的，因此 CM 中断调整时间的缩短随着供应中断惩罚的增加呈现先凸后凹的趋势，基于此，本章建立了抽象的斯塔克尔伯格博弈模型来解释这种关系。博弈的第一阶段，由 OEM 确定供应中断惩罚量；第二阶段，CM 收到惩罚标准后，确定自己的原材料报价。

采用逆向求解法，在给定的中断单位惩罚量的条件下，最大化 CM 利润，从利润函数中解出均衡情况下 CM_i 的原材料报价，将该解代入 OEM 利润中，最大化 OEM 利润，可以得到均衡情况下 CM_1 和 CM_2 的中断单位惩罚量。

这是常见的博弈论在供应链中的应用，但是该方法没有考虑到供应链每周期的市场需求、订货量、产品市场价格等因素都是动态变化、相互影响的，只能求出静态模式下的一期利润，无法求出长期利润。根据上文的分析，离岸外包全球生产网极易受到汇率、劳动力价格、关税的影响，因此，以上模型只作为抽象解释模型，根据抽象解释模型，本章建立以下系统动力学模型：

将 CM_i 单位供应中断惩罚初始值暂设为 0，引入 CM_i 单位供应中断惩罚对 CM_i 中断调整时间的作用因子，随着 CM_i 中断调整时间的缩短，供应中断惩罚的增加呈现先凸后凹的趋势，建立表函数来描述这种趋势。

令 CM_i 单位供应中断惩罚对 CM_i 中断调整时间的作用因子 = WITH LOOKUP（CM_i 单位供应中断惩罚，（[（0，0）－（2500，1）]，（0，1），（100，0.9），（300，

0.78），（600，0.65），（1000，0.5），（1200，0.38），（1500，0.28），（2000，0.2），（2500，0.15））），i＝1，2，3。假设增加 1 单位供应中断惩罚量，将会提高 0.3 单位的 CM_i 原材料报价。具体存量流量如图 7-17 所示。

7.5.3　考虑中断惩罚和汇率波动下的全球生产网仿真分析

（1）在考虑 CM_1 和 CM_2 中断、CM_3 不中断的情况下，分别令 CM_1 和 CM_2 单位供应中断惩罚为 0、100、200，得到 OEM 利润曲线，具体如图 7-18 所示。研究发现，利润水平随着 CM_1 和 CM_2 单位供应中断惩罚的增加而递减，可见，在初始供应中断水平下，引入供应中断惩罚措施会降低利润。

在中断调整时间增大到 20 周的情况下，引入供应中断惩罚措施得到了明显的利润提升，且利润水平随着 CM_1 单位供应中断惩罚的增加先上升后下降，因此存在一个唯一的最优 CM_1 单位供应中断惩罚 200，使 OEM 利润最大，所以，在供应中断概率低或者供应中断时间较短的情况下，不建议引入惩罚措施，当供应中断概率大或者供应中断时间较长时，引入供应中断惩罚措施能够带来更高的利润。这启示 OEM 一定要准确观测市场环境、外部环境，并对各种可能发生的供应中断所造成的市场平均调整时间进行预估，以便做出最佳决策。

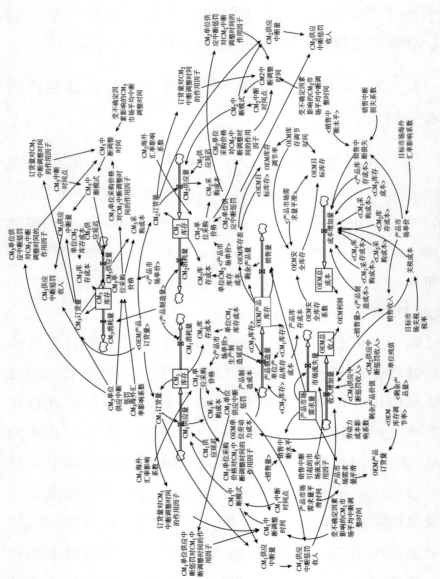

图 7-17 动态惩罚机制下全球生产网的存量流量

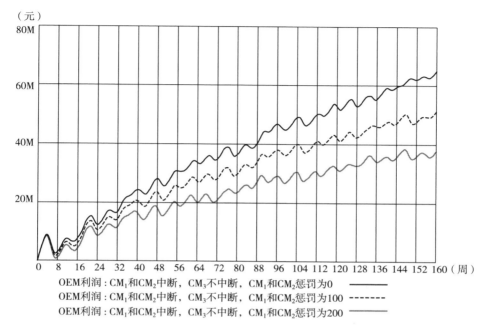

（元）

OEM利润：CM_1和CM_2中断，CM_3不中断，CM_1和CM_2惩罚为0 ————
OEM利润：CM_1和CM_2中断，CM_3不中断，CM_1和CM_2惩罚为100 --------
OEM利润：CM_1和CM_2中断，CM_3不中断，CM_1和CM_2惩罚为200 ————

图 7-18 OEM 利润曲线（一）

（2）同理，在考虑 CM_2 和 CM_3 中断、CM_1 不中断的情况下，进行仿真，发现在受不确定因素影响的 CM_3 市场平均中断调整时间较小的情况下，引入供应中断惩罚措施也会使 OEM 利润水平变低。同样，将受不确定因素影响的 CM_2 和 CM_3 市场平均中断调整时间由 4 周变为 10 周，分别令 CM_2 和 CM_3 单位供应中断惩罚为 0、100、200，得到 OEM 利润曲线，具体如图 7-19 所示，可以发现，也存在一个唯一的最优 CM_2 和 CM_3 单位供应中断惩罚，即 100，使 OEM 利润最大，但是，在同等供应中断条件下，最优 CM_2 和 CM_3 单位供应中断惩罚要大于最优 CM_1 单位供应中断惩罚，这也证明了前文分析的结果，即 CM_2 和 CM_3 供应中断带来的损失大于 CM_1 供应中断，因此，采取差异化供应中断惩罚策略是合理的。

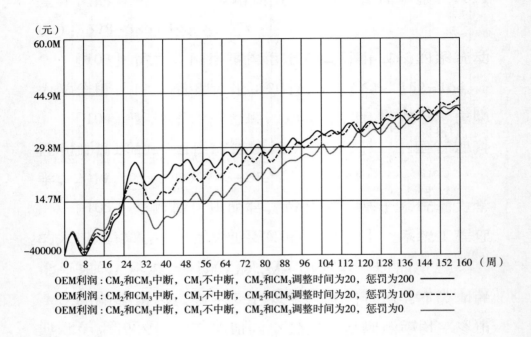

图7-19　OEM利润曲线（二）

（3）在考虑 CM_1、CM_2 和 CM_3 同时中断的情况下，将中断调整时间同时由 5 周变为 20 周，考虑三种情况：①CM_1、CM_2 和 CM_3 单位供应中断惩罚为 0；②CM_1 单位供应中断惩罚为 100、CM_2 单位供应中断惩罚为 200、CM_3 单位供应中断惩罚为 300；③CM_1 单位供应中断惩罚取 200、CM_2 单位供应中断惩罚取 300、CM_3 单位供应

中断惩罚为 400，得到 OEM 利润水平。具体如图 7-20
所示，在同时中断的情况下，最优 CM 单位供应中断惩
罚将下降。因此，对于拥有多个 CM 的全球制造企业来
说，制定惩罚机制不能孤立地考虑单个 CM，要综合考
虑所有 CM 同时中断、分别中断以及其中一个 CM 中断
对另一个 CM 管理决策的影响等因素。

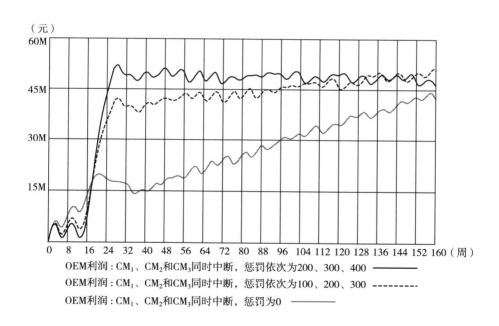

（元）

OEM利润：CM$_1$、CM$_2$和CM$_3$同时中断，惩罚依次为200、300、400 ——
OEM利润：CM$_1$、CM$_2$和CM$_3$同时中断，惩罚依次为100、200、300 --------
OEM利润：CM$_1$、CM$_2$和CM$_3$同时中断，惩罚为0 ～～～～

图 7-20 OEM 利润曲线（三）

（4）将 CM$_1$ 和 CM$_2$ 中断调整时间为 20 周，CM$_1$ 海
外汇率影响系数从 1 变为 1.1，令 CM$_1$ 和 CM$_2$ 单位供应
中断惩罚为 180、190 和 200，得到 OEM 利润水平。具

体如图 7-21 所示，研究发现最优 CM_1 和 CM_2 单位供应中断惩罚下降，变为 190，因此，CM_1 海外汇率影响系数与最优 CM_1 和 CM_2 单位供应中断惩罚呈反向变动关系，目标市场海外汇率影响系数与最优 CM_1 和 CM_2 单位供应中断惩罚呈正向变动关系，而劳动力成本系数与最优 CM_1 和 CM_2 单位供应中断惩罚呈反向变动关系。

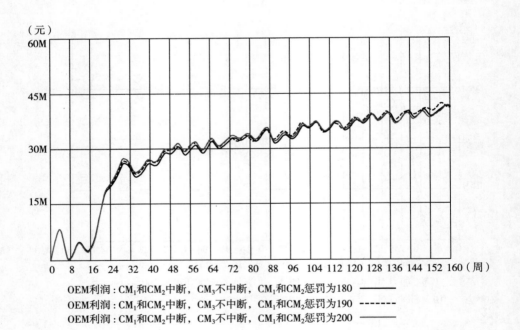

图 7-21　OEM 利润曲线（四）

7.6 本章小结

本章研究了由一个 OEM 和三个 CM 组成的全球生产网的中断风险问题，构建了两个系统动力学模型。在第一个模型中，对比了在三个 CM 同时中断、两个 CM 同时中断以及 CM 依次中断的仿真结果。研究发现，在三个 CM 同时中断的情况下，OEM 利润随中断调整时间增加而下降，随产品安全库存系数的提高先递增后递减，存在一个最优的 OEM 安全库存系数，同时还发现最优 OEM 生产库存系数会随着 CM 中断时间点后移而降低。在第二个模型中，研究发现，CM_1 海外汇率影响系数与最优 CM_1 和 CM_2 单位供应中断惩罚呈反向变动关系，目标市场海外汇率影响系数与最优 CM_1 和 CM_2 单位供应中断惩罚呈正向变动关系。

基于结论分析，得到了以下管理启示：

（1）OEM 最优安全库存系数和销售中断水平均随 CM 中断时间点的后移而降低，OEM 需要对短期生产和长期生产时发生供应中断的可能性进行评估，以确定最优的安全库存。

（2）供应周期短的 CM 发生中断时造成的损失更

大，因此，OEM 要特别注意供应周期较短的 CM，积极投资改善其供应能力。

（3）周期短的快速消费品受到供应中断时所带来的负面影响要大于周期较长的消费品，因此，制造周期较短的产品要选择供应能力较强的原材料供应商。

（4）CM_i 差异化中断的危害要大于同时中断，OEM 要尽量选择类型、供应能力相同或相近的 CM_i，降低 CM_i 差异化中断的概率。

（5）对于存在市场动态流失的供应中断事件，OEM 要从缺货量、供应商类型、时间三个维度设计惩罚方案，即本书所提出的差异化动态惩罚机制。

（6）汇率将动态影响最优的中断惩罚，建议 OEM 选择汇率稳定的目标市场和原材料供应源。

8 结论与研究展望

8.1 结 论

　　随着经济全球化进程的不断加快，制造企业之间的
竞争与合作日趋复杂，制造企业面临着各种内外压力，
让企业拥有更长足的未来，除需要应对采购风险以外，
还需要做好不同垂直模式下的决策选择。为了应对采购
风险给制造企业带来的影响，采取国际双源采购是出口
导向型制造企业常用的手段之一。以往的国际双源采购
研究大都基于博弈论等理论，事实上，系统动力学从一
个动态反馈系统的角度探索了生产决策中那些相互制约
的复杂反馈影响。因此，通过系统动力学和最优化理
论，研究制造企业的国际双源采购决策与垂直化决策，
对于制造企业具有重要的指导意义，同时，这方面的研

究可作为现有国际双源采购和不同垂直一体化下的决策模型研究的组成部分。

本书主要采用系统动力学研究理论，针对双源采购与不同垂直一体化模型进行了仿真研究，为当前出口导向型制造企业的双源采购决策以及垂直一体化策略的制定和实施提供了更多参考，建立了部分垂直一体化和完全垂直一体化生产模式的系统动力学模型，比较了两种不同生产模式下零部件垂直生产系数对制造企业盈利性的影响，特别是分析出口关税和企业劳动力成本对垂直生产策略的影响，为制造企业实施垂直化决策和国际双源采购决策提供理论依据。全书主要分为四个部分，每一部分的主要创新性工作和结论总结如下：

在第一部分，我们针对国际双源采购的可靠性问题，研究了在市场需求随机的前提下，生产商向一个采购价格低但稳定性差的国外供应商和一个采购价格高但稳定性好的国内供应商进行国际双源采购的决策问题。通过建立由生产商、国外供应商、供应商三方构成的系统动力学基准模型，求解了在不同国外供应商可靠程度下生产商的最优采购决策和利润水平。在基准模型中考虑关税因素，通过对比前后的模型仿真结果，进一步分析了关税对于整个供应链的影响。构建两个国际双源采购系统动力学模型，从理论上求解最可靠程度下生产商的最优决策。诠释了国外供应商的不稳定性对整个供应链的当期和后期影响，且立足于生产商对于国外供应商可靠程度的判断，求解了生产商最优的采购策略，通过对比关税前后的模型仿真结果，得出了关税对于整个供应链的影响。

通过系统动力学仿真实验，我们得到以下结论：

（1）存在唯一的 A 可靠程度系数和 A 信任程度系数，使生产商利润最大化，生产商存在唯一最优采购量策略。在本模型中，当供应商 A 的订货量为 0.7 倍的总订货量，供应商 B 的订货量为 0.3 倍的总订货量时，生产商取得最大利润。

（2）在现实生活中，国外供应商的生产往往具有随机性和不确定性，研究发现通过改变 A 可靠程度系数，可以得到在不同可靠程度水平下生产商的最优采购策略，这也是本书的发现之一。

（3）通过改变供应商 A 和供应商 B 的采购价格，可以得到不同价格水平下生产商的最优采购策略。

（4）生产商在选择国外供应商时要对国外供应商可靠程度进行充分的调查和了解，做出准确的判断。

在基准模型基础上，考虑关税因素，我们得到以下结论：

（1）当税率为35%的从价关税时，存在唯一的 A 信任程度，可使生产商利润最大，以本模型为例，生产商的最优采购量决策如下：供应商 A 的订货量为 0.6 倍的总订货量，供应商 B 的订货量为 0.4 倍的总订货量。

（2）我国对不同地区国家的关税标准有所不同，通过改变税率，可以得到各种税率水平下生产商的最优采购策略。

（3）当增加关税税率时，最优的 A 信任程度系数将相应降低，当关税税率增加到供应商 A 相对于供应商 B 的优势和利润不再存在时，即 A 采购成本+关税 ≥ B 采购成本时，生产商的最优采购策略为 A1。

（4）生产商在选择国外供应商时要充分考虑我国对该国的进口关税，税率影响决策。

（5）增加关税因素，导致了供应商 A 的订货量生产商的最优利润水平下降，关税保护了本国的相关供应商，限制了进口，但却同时降低了国外供应商和本国生产商的利润水平，因此，提高关税不一定利己，也由此可见，由关税引发的贸易战是一件同时损害双方利益的不明智决策。

（6）生产商利润对税率最为敏感，生产商平均库存水平对 A 发货延迟最为敏感。供应商 A 平均订货量对 A 发货延迟最敏感，对 A 可靠程度系数次之。供应商 B 平均订货量同样对供应商 A 的发货延迟最敏感。

在第二部分，我们主要从垂直一体化的角度进行考虑，与以往的情况不同，这里我们采用系统动力学研究方法，研究对象为面向国外市场的制造企业，其产品需要两种零部件，采用两种不同的垂直一体化模式进行生产。第一种模式为部分垂直一体化模式，在这种模式下一种零部件由自己制造，另一种零部件采用外包生产。第二种模式为完全垂直一体化模式，在这种模式下，两种零部件都由企业自己垂直制造。为了比较两种生产模式的不同特点，本书在市场需求和供应商的有效产出均随机的前提下，分别建立部分垂直一体化和完全垂直一体化生产模式的系统动力学模型。通过仿真分析发现：在关税税率一定的情况下，存在唯一的制造商最优行动分界点，当关税税率升高时，制造商最优行动分界点将降低。同时在垂直一体化模型基础上考虑劳动力成本因素，结果发现劳动力成本对制造商决策也具有相同的影响。

通过系统动力学仿真实验，我们得到以下结论：

（1）当 S2 垂直生产损失系数<1.3 时，完全垂直一体化生产模式更好，获得的利润更高；当 S2 垂直生产损失系数≥1.5 时，部分垂直一体化生产模式更好，获得的利润更高；当 S2 垂直生产损失系数=1.4 时，部分垂直一体化生产模式与完全垂直一体化生产模式利润水平相当，这种情况下要合理选择采购策略。

（2）继续加大关税税率发现，关税的高低影响制造商的采购策略。

（3）当提高初始单位供应商单位劳动力成本时，制造商的最优行动分界点，即制造商劳动力昂贵程度的值会越来越低。

（4）从纵向来看，出口导向型企业要将关税作为管理决策的首要考虑因素，关税对制造商的采购策略的影响程度更大。

（5）从横向来看，当关税税率和制造商单位劳动力成本变动时，完全垂直一体化生产模式下制造商利润波动均比较大；当供应商劳动力成本变动时，完全垂直一体化生产模式下制造商不受影响，因此利润不变。

在第三部分，我们主要是从垂直一体化的角度进行考虑，与前面的研究不同，我们主要针对内销导向型企业，假设制造企业需要一部分进口零件，通过构建系统动力学模型，模拟仿真内销型制造企业在实施三种不同的垂直化战略时的表现。结果显示：全部垂直一体化下制造商利润对于产品价格非常敏感，国际部分垂直一体化下的制造商利润对于价格敏感，而国内部分垂直一体化下的制造商利润对于价格轻微敏感。因此，企业在进行完全垂直一体化或国际部分垂直一体化下的决策时，更应该关注价格的变化。相关研究启示为内销型企业实施垂直化战略提供了理论依据和决策参考。

通过系统动力学仿真实验，我们得到以下结论：

（1）国际部分垂直一体化下制造商利润对于产品价格非常敏感，对于零件 1 的生产提前期敏感，对于汇率和关税轻微敏感。

（2）制造商利润会随着零件 1 的生产提前期、汇率和关税的增加而单调递减，同时随着价格的增加而单调递增。

（3）价格对于完全垂直一体化下制造商利润非常敏感，而对于国际部分垂直一体化下制造商利润敏感，对于国内部分垂直一体化下制造商利润不敏感。

在第四部分，我们主要从最优生产批量的角度进行考虑，采用最优化理论，研究了内销型制造企业的最优生产批量决策问题，模型对比了三种不同的垂直化战略。通过细分生产成本中的用工成本，考察不同垂直一体化战略下生产商的决策问题，比较了全部垂直一体化、国内部分垂直一体化和国际部分垂直一体化下生产商的利润和最优生产批量，得出了不同垂直一体化情况下影响生产商决策的重要参数，为垂直一体化企业的决策提供了重要的参考。

通过数值仿真实验，我们得到以下结论：

（1）当满足 $j<1$ 且 $p>\dfrac{(1+t)\,c_{23}-jcw_1}{jk}$ 时，全部垂直一体化下的最优生产批量为三种模式下的最小值，而国际部分垂直一体化下的最优生产批量为三种垂直一体化下的最大值。当满足 $j>1$ 且 $p<\dfrac{(1+t)\,c_{23}-jcw_1}{jk}$ 时，全部

垂直一体化下的最优生产批量为三种模型下的最大值，而国际部分垂直一体化下的最优生产批量为三种垂直一体化下的最小值。

（2）国际部分垂直一体化下生产商利润和最优生产批量对于国际采购成本和生产商单位劳动力成本非常敏感，对于零件1需要的劳动力成本和产品需要的劳动力成本敏感，对于关税轻微敏感。生产商利润会随着这些参数的增加而单调递减，最优生产批量随着这些参数的增加而单调递增。

（3）区域垂直一体化下生产商利润和最优生产批量对于国际采购成本非常敏感，对于生产商单位劳动力成本和产品需要的劳动力成本敏感，对于关税轻微敏感。总体而言，生产商利润和最优生产批量随着这些参数的增加而增加。

（4）完全垂直一体化下生产商利润和最优生产批量对于生产商单位劳动力成本非常敏感，对于零件1需要的劳动力成本和产品需要的劳动力成本敏感。总体而言，生产商利润和最优生产批量随着这些参数的增加而递减。

8.2   研究展望

在百年未有之大变局下，制造企业遇到了前所未有的挑战与机遇。化解制造企业的多重压力变得越来越重要，这已经成为制造企业必须考虑的问题之一，也越来越受到企业的重视与关注。将双源采购、垂直一体化模式、关税、劳动力因素和系统动力学、最优化理论等进行综合考虑，已经成为制造企业管理研究中热点方向之一。

在本书的研究中，主要考虑不同垂直一体化下的决策分析、劳动力成本细分、关税因素以及仿真分析模型，虽然取得了一定的成果，但是也存在一定的局限性，这里我们提出几个未来值得深入研究的问题：

（1）本书采用了系统动力学理论，没有展开动力学分析，没有对系统的平衡状态点进行深入分析。因此，需要对出口导向型制造企业的垂直一体化下的动力学进行分析。在现实世界中，企业都是经过长期、反复多次博弈才完成决策的。博弈双方无法完全了解准确的市场信息，也无法准确预测到其他参与者的决策。因此从有限理性预期的角度进行分析，采用最优反应预期进行相关决策，可以作为未来该领域的研究方向之一，也是对该领域的文献的补充。

（2）考虑碳减排政策下的垂直一体化决策，具有很强的现实意义。首先，研究稳定域、分岔和混沌情况。其次，观察随着调整系数的变化，系统如何呈现稳定或不稳定的状态。再次，分析模型中系统的稳定和分岔现象。采用双参数二维分岔图得到稳定域和混沌域。最后，研究决策变量对于企业的变化趋势。在此基础上得到垂直一体化决策的相关启示。

（3）在本模型中，仿真的大部分数据都基于假设，若能从实际生产中获得，将具有更强的现实背景。因此，采用实证与系统动力学相结合的研究方法或许是一个研究方向。这也可以为相关背景下的制造企业提供有益的参考，也可以补充这方面文献的空白。因此，从某一具体行业入手，收集真实的数据，进而研究现实场景下垂直一体化问题更具有现实意义和理论意义。

（4）在本书中，国际双源采购假设国内供应商的库存充足，但在实际中，有时候可能发生缺货等情况，因此，基于国内供应商缺货情况下的国际双源采购模型也是值得考虑的一个研究方向。考虑产能约束下和资金约束下的国际双源采购具有较大的现实意义。同样，也可以考虑碳减排政策下的国际双源采购决策问题。这也将丰富该领域的文献内容。

（5）在本模型中，假设制造商需要采购两种不同的原材料，在实际生产企业中，产品所需要的原材料往往是多种多样的，模型会更加复杂。因此，基于多种不同原材料下的国际双源采购与垂直一体化的仿真模型或许值得研究，这不仅可以补充相关领域的理论知识，也能使研究更加贴近实际生产情况。

参考文献

［1］ Abboud N. A Discrete-Time Markov Production-Inventory Model with Machine Breakdowns ［J］. Computers & Industrial Engineering, 2001 (39): 95-107.

［2］ Agrawal N., Nahmias S. Rationalization of the Supplier Base in the Presence of Yield Uncertainty ［J］. Production and Operations Management, 1997, 6 (3): 291-308.

［3］ Allon G., Mieghem J. A. V. Global Dual Sourcing: Tailored Base-Surge Allocation to Near-and Offshore Production ［J］. Management Science, 2010, 56 (1): 110-124.

［4］ Anupindi R., Akella R. Diversification under Supply Uncertainty ［J］. Management Science, 1993, 39 (8): 944-963.

［5］ Armour H. O., Teece D. J. Vertical Integration and Technological Innovation ［J］. The Review of Economics and Statistics，1980，62（3）：470－474.

［6］ Ayomoh M.，Oladeji O.，Oke S. Investigating the Dynamics of an Inventory System in the Manufacturing Sector：A Case Study ［J］. South African Journal of Industrial Engineering，2020，15（1）：19－30.

［7］ Babich V.，Burnetas A. N.，Ritchken P. H. Competition and Diversification Effects in Supply Chains with Supplier Default Risk ［J］. Manufacturing & Service Operations Management，2007，9（2）：123－146.

［8］ Berger P. D.，Gerstenfeld A.，Zeng A. Z. How Many Suppliers are Best? A decision－Analysis Approach ［J］. Omega，2003，32（1）：9－15.

［9］ Botha A.，Grobler J.，Yadavalli V. S. System Dynamics Comparison of Three Inventory Management Models in an Automotive Parts Supply Chain ［J］. Journal of Transport and Supply Chain Management，2017（11）：1－12.

［10］ Burke G. J.，Carrillo J. E.，Vakharia A. J. Single Versus Multiple Supplier Sourcing Strategies ［J］. European Journal of Operational Research，2007，182（1）：95－112.

［11］ Cheng Qi，Ni－Bin Chang. System Dynamics Modeling for Municipal Water Demand Estimation in an Urban Region Under Uncertain Economic Impacts ［J］. Journal of Environmental Management, 2011, 92 (6): 1628−1641.

［12］ Chin−Huang Lina, Chiu−Mei Tungb, Chih−Tai Huang. Elucidating the Industrial Cluster Effect from a System Dynamics Perspective ［J］. Technovation, 2006, 26 (4): 473−482.

［13］ Costantino N., Pellegrino R. Choosing between Single and Multiple Sourcing Based on Supplier Default Risk: A Real Options Approach ［J］. Journal of Purchasing and Supply Management , 2010, 16 (1): 27−40.

［14］ Dada M, et al. A Newsvendor's Procurement Problem When Suppliers are Unreliable ［J］. Manufacturing & Service Operations Management, 2007, 9 (1): 9−32.

［15］ Dong L., Kouvelis P. Impact of Tariffs on Global Supply Chain Network Configuration: Models, Predictions, and Future Research ［J］. Manufacturing & Service Operations Management, 2020, 22 (1): 25−35.

［16］ Dong T. T., et al. Optimal Contract Design for Ride−Sourcing Services under Dual Sourcing ［J］. Transportation Research Part B, 2021 (146): 289−313.

［17］ Esmaeili − Najafabadi E., Azad N., Nezhad M. S. F. Risk−Averse Supplier Selection and Order Allocation in the Centralized Supply Chains Under Disruption Risks [J]. Expert Systems with Applications, 2021 (175): 1-21.

[18] Gong X., Chao X., Zheng S. Dynamic Pricing and Inventory Management with Dual Suppliers of Different Lead Times and Disruption Risks [J]. Production and Operation Management, 2014, 23 (12): 2058-2074.

[19] Guo Ruixue, Lee H. L., Swinney R. Responsible Sourcing in Supply Chains [J]. Management Science: Journal of the Institute of Management Sciences, 2016, 62 (9): 2722-2744.

[20] Hua Z., et al. Structural Properties of the Optimal Policy for Dual-Sourcing Systems with General Lead Times [J]. IIE Transactions, 2015, 47 (8): 841-850.

[21] Huang H., Xu H. Dual Sourcing and Backup Production: Coexistence Versus Exclusivity [J]. Omega, 2015 (57): 22-33.

[22] Huang M., Yang M., Zhang Y., Liu B. System Dynamics Modeling-Based Study of Contingent Sourcing Under Supply Disruptions [J]. Systems Engineering Procedia, 2012 (4): 290-297.

[23] Inderfurth K., Kelle P., Kleber R. Dual Sourcing Using Capacity Reservation and Spot Market: Optimal

Procurement Policy and Heuristic Parameter Determination [J]. European Journal of Operational Research, 2013, 225 (2): 298-309.

[24] Ivanov D. Disruption Tails and Revival Policies: A Simulation Analysis of Supply Chain Design and Production Ordering Systems in the Recovery and Post-Disruption Periods [J]. Computers & Industrial Engineering, 2019 (127): 558-570.

[25] Iyer A. V., Leroy B. Schwarz, Stefanos A. Zenios. A Principal-Agent Model for Product Specification and Production [J]. Management Science, 2005, 51 (1): 106-119.

[26] Jain T., Hazra J. Dual Sourcing under Suppliers' Capacity Investments [J]. International Journal of Production Economics, 2017, 183 (A): 103-115.

[27] Janakiraman G., Seshadri S., Sheopuri A. Analysis of Tailored Base-Surge Policies in Dual Sourcing Inventory Systems [J]. Management Science, 2015, 61 (7): 1547-1561.

[28] Jiuping Xu, Xiaofei Li. Using System Dynamics for Simulation and Optimization of One Coal Industry System under Fuzzy Environment [J]. Expert Systems with Applications, 2011, 38 (9): 11552-11559.

［29］Ju W. , Gabor A. F. , Ommeren J. C. W. V. An Approximate Policy for a Dual – Sourcing Inventory Model with Positive Lead Times and Binomial Yield ［J］. European Journal of Operational Research, 2015, 244 （2）: 490–497.

［30］Jung S. Offshore Versus Onshore Sourcing: Quick Response, Random Yield, and Competition ［J］. Production and Operations Management, 2020, 29 （3）: 750–766.

［31］Karantininis K. , Sauer J. , Furtan W. H. Innovation and Integration in the Agri – Food Industry ［J］. Food Policy, 2010, 35 （2）: 112–120.

［32］Kim B. , Park K. S. , Jung S. , Park S. Offshoring and Outsourcing in a Global Supply Chain: Lmpact of the Arm's Length Regulation on Transfer Pricing ［J］. European Journal of Operational Research, 2018, 266 （1）: 88–98.

［33］Knofius N. , Heijden M. , Sleptchenko A. , Zijm W. Improving Effectiveness of Spare Parts Supply by Additive Manufacturing as Dual Sourcing Option ［J］. OR Spectrum, 2021 （43）: 189–221.

［34］Konishi H. Optimal Slice of a VWAP trade ［J］. Journal of Financial Markets, 2002 （5）: 197–221.

[35] Kumar M., Basu P., Avittathur B. Pricing and Sourcing Strategies for Competing Retailers in Supply Chains under Disruption Risk [J]. European Journal of Operational Research, 2018, 265 (2): 533-543.

[36] Lewis B. M., et al. Managing Inventory in Global Supply Chains Facing Port-of-Entry Disruption Risks [J]. Transportation Science, 2013, 47 (2): 162-180.

[37] Li P., et al. Retailer's Vertical Integration Strategies under Different Business Modes [EB/OL]. https://doi. org/10. 1016/j. ejor. 2020-07-054.

[38] Li W., Chen J. Manufacturer's Vertical Integration Strategies in a Three-Tier Supply Chain [EB/OL]. https://doi. org/10. 1016/j. tre. 2020. 101884.

[39] Li X., Li Y. On the Loss-Averse Dual-Sourcing Problem under Supply Disruption [J]. Computers & Operations Research, 2016, 100 (2018): 301-313.

[40] Lin Y., Parlaktürk A., Swaminathan J. Vertical Integration under Competition: Forward, Backward, or No Integration [J]. Production and Operations Management, 2014, 23 (1): 19-35.

[41] Lovea P. E. D., Holta G. D., Shenb L. Y., Lib H., Iranic Z. Using Systems Dynamics to Better Understand Change and Rework in Construction Project Manage-

ment Systems ［J］. International Journal of Project Man-
agement, 2002, 20 （6）: 425-436.

［42］ Lücker F. , Seifert R. W. Building up Resilience
in a Pharmaceutical Supply Chain through Inventory, Dual
Sourcing and Agility Capacity ［J］. Omega, 2017 （73）:
114-124.

［43］ Mehrjerdi, Hosseini A. The Bullwhip Effect on
the VMI-Supply Chain Management Via System Dynamics
Approach: The Supply Chain with Two Suppliers and One
Retail Channel ［J］. International Journal of Supply and
Operations Management, 2016, 3 （2）: 1301-1317.

［44］ Mehrjoo M. , Pasek Z. J. Risk Assessment for the
Supply Chain of Fast Fashion Apparel Industry: A System
Dynamics Framework ［J］. International Journal of Produc-
tion Research, 2016, 54 （1）: 28-48.

［45］ Moonseo Park, et al. Modeling the Dynamics of
Urban Development Project: Focusing on Self - Sufficient
City Development ［J］. Mathematical and Computer Mod-
elling, 2011, 57 （9-10）: 2082-2093.

［46］ Oberlaender M. Dual Sourcing of a Newsvendor
with Exponential Utility of Profit ［J］. International Journal
of Production Economics, 2011, 133 （1）: 370-376.

［47］ Olivares-Aguila J. , ElMaraghy W. System Dynamics Modelling for Supply Chain Disruptions ［J］. International Journal of Production Research，2021，59（6）：1757-1775.

［48］Patroklos Georgiadis. An integrated System Dynamics Model for Strategic Capacity Planning in Closed - Loop Recycling Networks：A Dynamic Analysis for the Paper Industry ［J］. Simulation Modelling Practice and Theory，2013（32）：116-137.

［49］Pochard S. Managing Risks of Supply - Chain Disruptions：Dual Sourcing as a Real Option ［D］. Cambridge：Massachusetts Institute of Technology，2003.

［50］Poles R. System Dynamics Modelling of a Production and Inventory System for Remanufacturing to Evaluate System Improvement Strategies ［J］. International Journal of Production Economics，2013，144（1）：189-199.

［51］Qiping Shen，et al. A System Dynamics Model for the Sustainable Land use Planning and Development ［J］. Habitat International，2009，33（1）：15-25.

［52］Ray P.，Jenamani M. Sourcing Decision under Disruption Risk with Supply and Demand Uncertainty：A Newsvendor Approach ［J］. Annals of Operations Research，2016，237（1-2）：237-262.

［53］Raza S. A. Pricing Strategies in a Dual-Channel

Green Supply Chain with Cannibalization and Risk Aversion [J] . Operations Research Perspectives, 2019 (6): 100－118.

[54] Robert E. , Spekman. Strategic Supplier Selection: Understanding Long － Term Buyer Relationships [J] . Business Horizons, 1988, 31 (4): 75－81.

[55] Sang Hyun Lee, Feniosky Peña－Mora, Moonseo Park. Dynamic Planning and Control Methodology for Strategic and Operational Construction Project Management [J] . Automation in Construction, 2006, 15 (1): 84－97.

[56] Sawik T. Joint Supplier Selection and Scheduling of Customer Orders under Disruption Risks: Single Vs Dual Sourcing [J] . Omega, 2014 (43): 83－95.

[57] Si W. R. , Lee K. K. A Stochastic Inventory Model of Dual Sourced Supply Chain with Lead－Time Reduction [J] . International Journal of Production Economics, 2003 (81): 513－524.

[58] Silbermayr L. , Minner S. A Multiple Sourcing Inventory Model under Disruption Risk [J] . International Journal of Production Economics, 2014, 149 (1): 37－46.

[59] Silbermayr L. , Minner S. Dual Sourcing under Disruption Risk and Cost Improvement Through Learning [J] . European Journal of Operational Research, 2016, 250 (1) : 226－238.

［60］Song H. M. ，et al. Optimal Decision Making in Multi‐Product Dual Sourcing Procurement with Demand Forecast Updating ［J］. Computer & Operations Research，2014，41（1）：299-308.

［61］Sting F. J. ，Huchzermeier A. Operational Hedging and Diversification under Correlated Supply and Demand Uncertainty ［J］. Production and Operations Management，2014，23（7）：1212-1226.

［62］System Dynamics Society. What Is SD? Introduction to System Dynamics ［EB/OL］. http：//www. system-dynamics. org.

［63］Tadeusz S. Joint Supplier Selection and Scheduling of Customer Orders under Disruption Risks：Single vs. Dual Sourcing ［J］. Omega，2014，43（43）：83-95.

［64］Tan B. ，Feng Q. ，Chen W. Dual Sourcing under Random Supply Capacities：The Role of the Slow Supplier ［J］. Production & Operations Management，2016，25（7）：1232-1244.

［65］Tetsuo I. A Non-Stationary Review Periodic Production-Inventory Model with Uncertain Production Capacity and Uncertain Demand ［J］. European Journal of Operational Research，2002，140（3）：670-683.

［66］Tomlin B. On the Value of Mitigation and Contingency Strategies for Managing Supply Chain Disruption Risks [J]. Management Science, 2006, 52 (5): 639-657.

[67] Tomlin B., Wang Y. On the Value of Mix Flexibility and Dual Sourcing in Unreliable Newsvendor Networks [J]. Manufacturing & Service Operations Management, 2005, 7 (1): 37-57.

[68] Wan X. What Happened to Inventory and Cost After a Vertical Integration? A Longitudinal Analysis Considering Demand Uncertainty [J]. International Journal of Production Research, 2019, 57 (24): 7501-7519.

[69] Wan X., Sandersb N. The Negative Impact of Product Variety: Forecast Bias, Inventory Levels, and the Role of Vertical Integration [J]. International Journal of Production Economics, 2017 (186): 123-131.

[70] Wang Y., Gilland W., Tomlin B. Mitigating Supply Risk: Dual Sourcing or Process Improvement? [J]. Manufacturing & Service Operations Management, 2010, 12 (3): 489-510.

[71] Wang Y., Gilland W., Tomlin B. Mitigating Supply Risk: Dual Sourcing or Process Improvement? [J]. Operations Research: Management Science, 2012, 52 (1/2): 121-123.

［72］ Wei Jin, Linyu Xu, Zhifeng Yang. Modeling a Policy Making Framework for Urban Sustainability: Incorporating System Dynamics into the Ecological Footprint ［J］. Ecological Economics, 2009, 68 (12): 2938-2949.

［73］ Xu H. Y. , Huang H. , Zeng N. M. Combination of Dual Sourcing and Backupprod Uction with Updated Information ［J］. Chinese Management Science, 2018, 26 (2): 33-45.

［74］ Yan R. , Kou D. , Lu B. Optimal Order Policies for Dual-Sourcing Supply Chains under Random Supply Disruption ［J］. Sustainability, 2019, 11 (3): 698.

［75］ Yang J. , Xia Y. Acquisition Management under Fluctuating Raw Material Prices ［J］. Production and Operations Management, 2009, 18 (2): 212-225.

［76］ Yang Z. B. , et al. Supply Disruptions, Asymmetric Information, and a Backup Production Option ［J］. Management Science, 2009, 55 (2): 192-209.

［77］ Yang Z. B. , et al. Using a Dual-Sourcing Option in the Presence of Asymmetric Information About Supplier Reliability: Competition vs. Diversification ［J］. Manufacturing & Service Operations Management, 2012, 14 (2): 202-217.

［78］ Zeng A. Z. , Xia Y. Building a Mutually Beneficial Partnership to Ensure Backup Supply［J］. Omega-International Journal of Management Science，2015（52）：77-91.

［79］ Zhang B.，Lai Z.，Wang Q. Multi-Product Dual Sourcing Problem with Limited Capacities［EB/OL］. https：//doi. org/10. 1007/s12351-019-00503-2.

［80］ Zhao S. Analysis of Dual Sourcing Strategy with Quality Differentiated Suppliers［J］. E3S Web of Conferences，2021，253（3）：1057.

［81］ Zheng M.，et al. Joint Optimization of Condition-Based Maintenance and Spare Parts Orders for Multi-Unit Systems with Dual Sourcing［J］. Reliability Engineering and System Safety，2021（210）：107512.

［82］ 鲍勤，苏丹华，汪寿阳. 中美贸易摩擦对中国经济影响的系统分析［J］. 管理评论，2020，32（7）：3-16.

［83］ 鲍勤，汤铃，杨列勋. 美国征收碳关税对中国的影响：基于可计算一般均衡模型的分析［J］. 管理评论，2010，22（6）：25-33.

［84］ 陈崇萍，陈志祥，邵校. 基于平滑采购策略的跨国双源采购问题研究［J］. 管理评论，2020（8）：295-303.

［85］ 陈崇萍，陈志祥，邵校. 制造商对供方缺陷

改善投资的双源采购决策研究［J］．管理科学学报，2017（12）：39-51.

［86］陈崇萍，陈志祥．供应商产出随机与供应中断下的双源采购决策［J］．中国管理科学，2019（6）：113-122.

［87］陈崇萍，陈志祥．海外供应价格可变的国内外双源采购决策［J］．北京理工大学学报（社会科学版），2017，19（5）：89-96.

［88］付小勇，朱庆华，田一辉．基于系统动力学的政府和废旧电子产品处理商演化博弈分析［J］．运筹与管理，2021，30（7）：83-88.

［89］葛健，李燕风，夏国平．不确定环境下跨国供应链生产计划研究［J］．计算机集成制造系统，2005（8）：1120-1126.

［90］桂寿平，朱强，陆丽芳，吕英俊，桂程飞．区域物流系统动力学模型及其算法分析［J］．华南理工大学学报（自然科学版），2003（10）：36-40.

［91］桂寿平，朱强，吕英俊，桂程飞．基于系统动力学模型的库存控制机理研究［J］．物流技术，2003（6）：17-19.

［92］郭佼佼，陈实，荣昭．垂直一体化对企业创新的非线性影响［J］．科研管理，2020，41（5）：111-121.

［93］ 郭也．中国制造业单位劳动力成本变化趋势——以 2002-2016 年数据为依据［J］．北京社会科学，2021（4）：4-22．

［94］ 韩素敏，宋华明．双重不确定信息下双源采购策略研究［J］．管理评论，2020，32（2）：299-307．

［95］ 贺彩霞，冉茂盛，廖成林．基于系统动力学的区域社会经济系统模型［J］．管理世界，2009（3）：170-171．

［96］ 侯剑．基于系统动力学的港口经济可持续发展［J］．系统工程理论与实践，2010（1）：56-61．

［97］ 胡斌，章德宾，张金隆．企业生命周期的系统动力学建模与仿真［J］．中国管理科学，2006（6）：142-148．

［98］ 扈衷权，田军，冯耕中．基于数量柔性契约的双源应急物资采购定价模型［J］．中国管理科学，2019（12）：100-112．

［99］ 霍德利，薛广佑，毛旭艳．基于系统动力学的北京冬奥会社会风险预警研究［J］．北京体育大学学报，2021，44（7）：76-92．

［100］ 贾晓菁，等．基于 CET@I 的二手车电子商务企业商业模式隐性知识动态反馈系统模型研究［J］．管理评论，2019，31（7）：162-171．

［101］蒋春燕．中国新兴企业自主创新陷阱突破路径分析［J］．管理科学学报，2011（4）：36-51．

［102］金亮，徐露，熊婧，吴应甲．考虑产品质量差异化的零售商采购策略研究［J］．管理学报，2021（4）：578-586+596．

［103］雷兵．网络零售生态系统种群成长的系统动力学分析［J］．管理评论，2017，29（6）：152-164．

［104］黎继子，汪忠瑞，刘春玲．TP 模式下考虑隐性利益输送的跨国供应链决策分析［J］．中国管理科学，2017，25（12）：48-58．

［105］李鹏博，田丽君，黄文彬．基于系统动力学的人口迁移重力模型改进及实证检验［J］．系统工程理论与实践，2021，41（7）：1722-1731．

［106］李雯，等．基于系统动力学的城市内涝灾害应急管理模型研究［J］．水资源保护，2021（5）：1-11．

［107］李稳安，赵林度．牛鞭效应的系统动力学分析［J］．东南大学学报（哲学社会科学版），2002（S2）：96-98．

［108］李晓超，林国龙．供应不确定条件下双源与柔性采购联合决策［J］．中国流通经济，2016（10）：38-47．

［109］李晓静，艾兴政，唐小我．创新驱动下竞争

供应链的纵向整合决策［J］．管理工程学报，2018，32（2）：151-158．

［110］李新军，季建华，王淑云．供应中断情况下基于双源采购的供应链协调与优化［J］．管理工程学报，2014（3）：141-147．

［111］李志鹏，黄河，徐鸿雁．供应风险下双源采购批发单价拍卖最优设计［J］．管理科学学报，2017（8）：39-49．

［112］李卓群，黄克兢，杨玉健．回收半径对闭环供应链影响的系统动力学仿真［J］．生态经济，2020，36（8）：200-205．

［113］李卓群，杨玉健，黄克兢．考虑风险规避行为的生鲜供应链系统动态研究［J］．复杂系统与复杂性科学，2021，18（3）：51-59．

［114］李卓群，杨玉健．过度自信对供应链系统影响的系统动力学仿真［J］．计算机仿真，2021，38（8）：242-247．

［115］刘风．基于系统动力学的毒品违法犯罪防治建模与仿真［J］．系统仿真学报，2020，32（5）：866-873．

［116］刘会民，侯建，于辉．装配式跨国供应链供应侧汇率波动的中断管理分析［J］．系统科学与数学，2016，36（12）：2325-2340．

［117］刘静华，等．反馈系统发展对策生成的顶点赋权反馈图法——以鄱阳湖区德邦生态能源经济反馈系统发展为例［J］．系统工程理论与实践，2011（3）：423-437.

［118］刘名武，付巧灵，刘亚琼．加征关税下的跨国供应链决策及补贴策略研究［J/OL］．中国管理科学，（2021-01-12）［2022-9-21］．http：//kns.cnki.net/kcms/detail/11.2835.G3.20210301.1246.002.html.

［119］刘夏，等．基于系统动力学模型的塔里木河流域水资源承载力研究［J］．干旱区地理，2021，44（5）：1407-1416.

［120］陆俊强，戴勇．系统动力学方法在超市配送中心库存策略中的运用［J］．物流技术，2001（6）：8-10.

［121］路雪鹏，等．基于系统动力学的新冠病毒传播过程预测［J］．系统仿真学报，2021，33（7）：1713-1721.

［122］罗昌，贾素玲，王惠文．基于系统动力学的供应链稳定性判据研究［J］．计算机集成制造系统，2007（9）：1762-1767.

［123］罗龙溪，吴建平，陈云，徐哲．基于系统动力学的北京供需水关系仿真研究［J］．系统仿真学报，2019，31（12）：2790-2801.

［124］马双，赖漫桐．劳动力成本外生上涨与 FDI 进入：基于最低工资视角［J］．中国工业经济，2020（6）：81-99.

［125］齐丽云，汪克夷，张芳芳，赵笑一．企业内部知识传播的系统动力学模型研究［J］．管理科学，2008（12）：9-20.

［126］申静，于梦月．基于系统动力学的智库知识服务发展机制模型构建［J］．图书馆论坛，2022，42（7）：1-9.

［127］石敏俊，等．丝绸之路经济带背景下上海合作组织国家贸易自由化的经济效应——基于 GTAP 模型的政策模拟分析［J］．管理评论，2018，30（2）：3-12.

［128］石永强，彭树，张智勇．基于系统动力学第三方直通集配中心模式研究［J］．管理科学学报，2015，18（2）：13-22.

［129］宋学锋，刘耀彬．基于 SD 的江苏省城市化与生态环境耦合发展情景分析［J］．系统工程理论与实践，2006（3）：125-130.

［130］孙斌锋，昌雄伟，李军．基于 VMI 的配送中心订货点仿真研究［J］．计算机应用研究，2006，23（2）：48-49.

［131］孙玮，钱俊伟．需求不确定性、纵向一体化

和费用粘性［J］．财经问题研究，2019（12）：81-87.

［132］孙喜．纵向一体化在中国产业升级中的作用研究［J］．科学学研究，2020，38（11）：1954-1965.

［133］王翠霞，丁雄，贾仁安，等．农业废弃物第三方治理政府补贴政策效率的 SD 仿真［J］．管理评论，2017，29（11）：216-226.

［134］王翠霞．生态农业规模化经营策略的系统动力学仿真分析［J］．系统工程理论与实践，2015，35（12）：3171-3181.

［135］王翠霞．生态农业系统动力学——管理策略的生成与仿真［M］．北京：科学出版社，2020.

［136］温素彬．基于 Excel 的存货管理系统动力学仿真［J］．淮海工学院学报（自然科学版），2003（2）：71-74.

［137］谢锐，等．中国关税有效保护率的动态变迁［J］．管理科学学报，2020，23（7）：76-98.

［138］谢霞，戴宾，曹乐艺．双源采购还是单源采购：责任供应链下的战略采购模式分析［J］．管理工程学报，2021（6）：194-207.

［139］徐鸿雁，黄河，曾能民．存在信息更新时的双源采购和后备生产结合策略研究［J］．中国管理科学，2018（2）：33-45.

［140］闫文周，曹丽娜．基于系统动力学的公路

PPP 项目经济效益评估［J］．土木工程与管理学报，2021，38（3）：8-14+31.

［141］叶建亮，林燕．纵向一体化与企业绩效的分解——基于中国制造业分行业的实证研究［J］．浙江社会科学，2014（3）：114-122.

［142］尤安军，庄玉良．系统动力学在物流系统分析中的应用研究［J］．物流技术，2002（4）：19-20.

［143］于辉，侯建．跨国供应链汇率波动风险的中断管理策略分析［J］．系统工程学报，2017，32（1）：114-124.

［144］于亢亢．农产品供应链信息整合与质量认证的关系：纵向一体化的中介作用和环境不确定性的调节作用［J］．南开管理评论，2020，23（1）：87-97.

［145］岳万勇，赵正佳．不确定需求下跨国供应链数量折扣模型［J］．管理评论，2012，24（9）：164-169.

［146］曾能民．考虑供应风险和产能约束的双源采购策略研究［J］．管理评论，2021，33（6）：294-305.

［147］曾铮．生产片断化、离岸外包和工序贸易——21 世纪世界产业"外包革命"的基本范式［J］．财贸经济，2009（11）：78-83.

［148］郑士源．供应商纵向一体化战略对产品质量的影响［J］．统计与决策，2011（13）：64-67.

［149］钟胜，汪贤裕．从纵向一体化到供应链战略的抉择机制分析［J］．数量经济技术经济研究，2003（7）：100-104.

［150］朱艳娜，张贵生，何刚．高校实验室安全风险管理系统动力学仿真与应用［J］．实验技术与管理，2021，38（10）301-306.